# 嵌入式系统技术与应用

## ——基于国产龙芯 SoC

主编　李锦辉

参编　项之秋　张志民　王文兵

东南大学出版社
SOUTHEAST UNIVERSITY PRESS
·南京·

## 内 容 介 绍

本书系统阐述嵌入式系统核心理论与技术，内容从通用原理展开，涵盖硬件基础（处理器/总线/接口）、关键技术（架构/指令集/存储）及软件基础（开发环境/编程抽象）；进而聚焦龙芯 1B 平台实践，详析其芯片特性与开发环境，提供裸机及 RT-Thread 操作系统下的基础开发示例。全书强调理论与实践结合，通过这一递进知识体系，培养学生系统设计思维与实践能力，助力国产嵌入式技术人才培养。

本书主要面向高校电子信息类相关专业本科生，也适用于嵌入式开发人员、对国产处理器（尤其是龙芯）感兴趣或需技术转型的自学者。要求读者具备数字电路和 C 语言基础相关知识。

## 图书在版编目（CIP）数据

嵌入式系统技术与应用：基于国产龙芯 SoC ／ 李锦辉主编. -- 南京：东南大学出版社，2025.7
ISBN 978-7-5766-1793-1

Ⅰ．TP332.021

中国国家版本馆 CIP 数据核字第 2024VA9651 号

责任编辑：姜晓乐　　责任校对：子雪莲　　封面设计：王 玥　　责任印制：周荣虎

**嵌入式系统技术与应用**——基于国产龙芯 SoC
Qianrushi Xitong Jishu Yu Yingyong —— Jiyu Guochan Longxin SoC

| | |
|---|---|
| 主　　编 | 李锦辉 |
| 出版发行 | 东南大学出版社 |
| 社　　址 | 南京四牌楼 2 号　邮编：210096 |
| 出 版 人 | 白云飞 |
| 网　　址 | http://www.seupress.com |
| 经　　销 | 全国各地新华书店 |
| 印　　刷 | 丹阳兴华印务有限公司 |
| 开　　本 | 787 mm×1092 mm　1/16 |
| 印　　张 | 12.25 |
| 字　　数 | 230 千字 |
| 版　　次 | 2025 年 7 月第 1 版 |
| 印　　次 | 2025 年 7 月第 1 次印刷 |
| 书　　号 | ISBN 978-7-5766-1793-1 |
| 定　　价 | 45.00 元 |

本社图书若有印装质量问题，请直接与营销部联系。电话（传真）:025-83791830。

# 序

随着人工智能(AI)技术和嵌入式芯片技术的发展,AI 已逐步向嵌入式系统迁移和渗透,基于嵌入式系统的各类机器人、无人机、无人车等智能设备已经或即将在各行各业发挥重要作用,成为大数据时代数据底座不可或缺的核心模块和系统。嵌入式 AI 由此迎来崭新的时代,通过硬件与软件、传感器与执行单元的深度融合以及集成定制化和生成式 AI,接近数据源处的智能边缘计算与嵌入式系统,可生成更低延迟和更高实时性的优质数据,从而适应各类复杂环境的应用需求。

嵌入式芯片是嵌入式系统的内核。然而,在当今复杂的国际环境下,集成电路芯片已成为我国"卡脖子"的科学技术之一。应该看到,我国要实现集成电路自主可控,面临诸多挑战,关键在于:既要尽快突破半导体和集成电路研制中的科学和技术瓶颈,又要着力培养一大批集成电路领域复合型、创新型工程技术人才;既需具备完整的集成电路制造能力,又需打通集成电路产业上中下游、掌控芯片应用的技术与手段。因此,建设新工科,制定系统且完整的电子科学与技术学科应用型人才培养方案,开设基于国产嵌入式芯片的嵌入式系统等系列应用型课程,是当务之急。

作为本书作者李锦辉副教授攻读硕、博士学位时期的导师,我见证了她从东南大学电子科学与技术学科一名学生成长为世界前 500 强企业优秀研发工程师、技术管理人员,再走向科技创业的历程。2018 年创业期间,因关键进口芯片缺供导致产品研发停滞的事实,使她深刻认识到掌握自主可控技术的重要性,成为其后她到高校任教、致力于培养嵌入式技术领域复合型人才的动力。

自 2021 年起,作者依托学校与龙芯中科技术股份有限公司共建的"龙芯处理器产业人才联合培养实验室",将嵌入式系统理论与国产芯片应用开发深度融合,编撰了以国产龙芯 1B 处理器为核心教学载体的全套讲义,开发出实验箱,探索了"做中学、学中研"的教学方法,为 4 届 400 余名本科生开设了"嵌入式系统"课程,得到学生的一致认可与好评。

作者在以上教学实践的基础上,以学生成长和产业需求为导向,融入了自身研发嵌入式芯片及其应用模块的工作经验,集龙芯中科技术赋能、校企合作经验为一体,又请数位产业专家把关润色,编撰了本书。这种将个人行业经验转化为教育资源的实践,正是当下亟需的高等工程教育创新模式之一。

本书具有以下特色:

1. 立足自主生态:以龙芯 1B 为例系统讲解嵌入式开发,培养学生基于国产芯片解决实际问题的能力,引导学生关注自主技术生态;

2. 理论与实践并重:从处理器架构逐步深入到 RT-Thread 操作系统应用,层层递进,辅以实验箱开发案例,强化工程思维。

期待本书能为高校嵌入式课程教学提供新范式,帮助学子掌握嵌入式系统开发的核心技能,为我国集成电路产业输送兼具理论深度和芯片应用实践能力的创新型人才。更希望本书可为集成电路产业的技术人员提供参考,激发更多同仁投身于自主可控核心技术的研发,推动嵌入式系统技术的发展。

孙小菡

2025 年夏于东南大学

集成电路产业早在 2014 年国务院印发的《国家集成电路产业发展推进纲要》中被确立为国家战略,"十三五"至"十四五"期间始终是重点发展领域。这一战略布局与西方对我国核心技术封锁的态势密切相关。

2018 年,笔者在创业公司亲历了核心技术受制于人的困境:产品依赖的进口 ARM 芯片面临断供、价格飞涨且无可替代方案,导致研发、生产严重受阻。这段经历深刻印证了集成电路核心技术自主可控的重要性。

2020 年底,作者入职东南大学成贤学院。翌年春夏之交,在东南大学教授引荐及集成电路培训基地支持下,学院与龙芯中科合作成立"龙芯处理器产业人才联合培养实验室",获赠龙芯 1B 开发板及技术支持。基于对国产芯片重要性的切身体会,笔者主导"嵌入式系统"课程改革,全面转向用龙芯平台教学。重构课程体系虽挑战重重,但能为集成电路产业国产化进程贡献绵薄之力,深感责任在肩,亦倍感荣幸。

嵌入式系统作为智能硬件、物联网、机器人等多个热门行业的基础支撑技术,其软硬件开发技能在产业界的需求持续攀升。"嵌入式系统"课程是电子信息类专业的核心课程,融理论性、技术性与实践性于一体,衔接基础课与工程实践,既是嵌入式开发的起点,也是电子类竞赛的知识技能基础。

本书立足行业需求,系统梳理学生必备的嵌入式概念、知识与应用技能。内容经过 4 个学期(2022 春—2024 秋)授课实践的持续优化,最终成稿。全书共 8 章,遵循"通用原理→专用平台"的逻辑:

第 1 章概论,阐述嵌入式系统的基本概念、发展历程、核心特征及行业趋势。第 2~5 章及第 7 章遵循通用到专用(龙芯 1B)的逻辑,系统解析嵌入式硬件架构、核心技术与软件基础;第 6 章和第 8 章是实践章节,分别聚焦龙芯 1B 裸机开发(GPIO/UART/中断/PWM)和 RT-Thread 内核功能应用(任务/信号量/消息队列)。第 2 章到第 8 章主要内容如下:

第 2 章嵌入式系统硬件基础,解析通用硬件架构(处理器分类、总线标准、接口类型),并介绍龙芯 1B 的封装特性、I/O 引脚功能、时钟电源域设计及实验箱构成。

第 3 章嵌入式系统典型技术 I,分析处理器核心机制(架构类型、流水线技术、指令集原理),同步对比龙芯 1B 的处理器核心与指令集特点。

第 4 章嵌入式系统典型技术 II,讲解存储器分类、层次化存储结构、地址映射机制及字节序原理,并分析龙芯 1B 的内存管理单元(MMU)设计。

第 5 章嵌入式系统软件基础,梳理嵌入式软件组成结构、交叉编译环境搭建方法,并对比讲解龙芯 1B 集成开发环境的工具链,然后回顾函数抽象与库函数编写,附关键 C 语言要点总结。

第 6 章龙芯 1B 的基本功能,是一章实验内容,通过 GPIO 控制、UART 通信、中断处理、PWM 输出等实验,结合原理讲解与代码示例,使学生掌握龙芯 1B 基础外设开发技能。

第 7 章操作系统基础,综述操作系统核心功能(任务调度、资源管理),引入主流嵌入式 OS 对比,并进一步介绍龙芯 1B 的开源操作系统 RT-Thread。

第 8 章龙芯 1B 的 RT-Thread 基本功能,基于 RT-Thread 实现任务创建、信号量同步、优先级调度、消息队列通信等内核功能实验,强化系统级开发思维。

注:实际教学中可根据需求调整章节顺序。

课程改革与成书过程承蒙多方支持。两位老同事:曾入选福布斯中国科技女性榜的张志民女士和贝尔实验室的 DMTS 专家王文兵先生,以及本校毕业生:先进激光研究院的项之秋,均参与了本书的撰写工作。

龙芯中科的卞鸿志先生、苏州天晟的卞良岳先生以及实验中心的郭良军老师等,为课程建设和实验箱的研制提供了技术支持。本校学生陈浩、徐新等参与了硬件原型的验证工作。此外,还有积极参与实验教学并提供宝贵反馈建议的老师和同学们,在此一并致以诚挚谢意!

嵌入式技术发展迅猛,书中难免存在疏漏,恳请读者指正。

作者
2024 年 12 月

本书思维导图

# 目　录

# 第1章

# 嵌入式系统概论

## 1.1 定义

通用计算机是看得见的计算机,如 PC 机、服务器和大型机等。而嵌入式计算机系统是看不见的计算机,一般不能被用户编程,它有一些专用的 I/O 设备,为用户提供接口。通常将嵌入式计算机系统简称为嵌入式系统,如图 1-1 所示。

图 1-1　通用计算平台和嵌入式系统

关于嵌入式系统是什么,有若干种定义。

在 IEEE 的定义中,嵌入式系统是用来控制、监控或者辅助操作机器和装置的设备。

目前被普遍接受的定义是这样描述的:嵌入式系统是指以应用为中心,以计算机技术为基础,软件、硬件可剪裁,适应应用系统对功能、可靠性、成本、体积、功耗严格要求的专用计算机系统。也就是说,嵌入式系统是包含有计算机,但又不是通用计算机的计算机应用系统。

An embedded system is a computer system contained within some larger device or product with the intent purpose of providing monitoring and control services to that device. Any sort of device which includes a programmable computer but itself is not intended to be a general-purpose computer.

嵌入式系统有着广泛的应用,目前可以说无处不在。从网络通信到汽车电子,从工业控制到消费电子,还有医疗和军工航空,上天入地,到处都有嵌入式技术的存在(图1-2)。

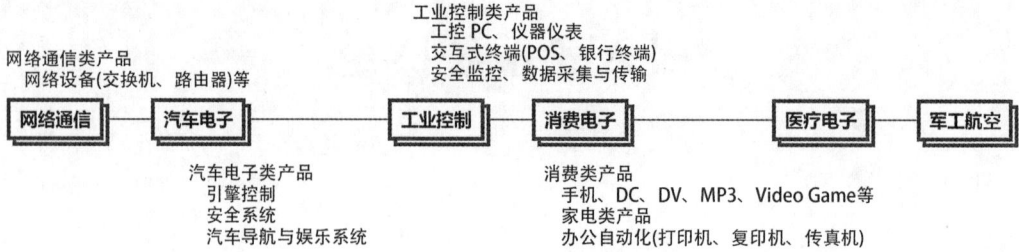

图1-2 嵌入式系统的应用领域

## 1.2 组成与发展

从基本组成上看,嵌入式系统包括硬件和软件,又分别有各自细分。其组成如图1-3所示。

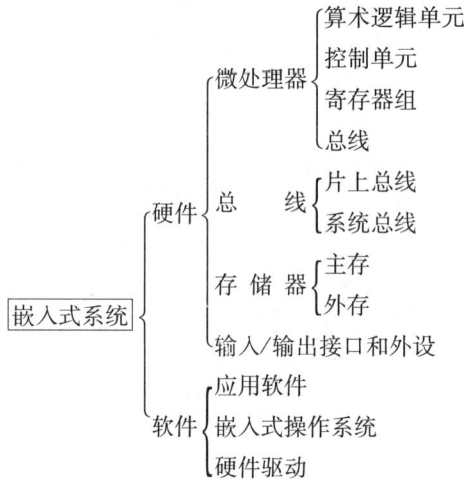

图1-3 嵌入式系统软硬件组成

微处理器内总线包括数据总线、地址总线和控制总线,分别与处理器外的数据总线、地址总线和控制总线相连。

片上总线指芯片内的总线,这里指处理器外但是在芯片内。

系统总线指嵌入式系统(片上系统或系统板)与系统外的通信总线,相对于片上总线,指与片外组件通信的总线。

### 1.2.1 发展阶段

嵌入式系统的发展源于计算机的发展。计算机发展史的一些里程碑事件,也推进了嵌入式系统的发展(图 1-4)。

- 1936 年,英国科学家阿兰·图灵发表了题为《论可计算数及其在判定问题上的应用》的论文,提出了图灵机模型,将计算定义为机械的过程。
- 1945 年,美籍匈牙利科学家冯·诺伊曼发表了《EDVAC 的首次草稿》(*First Draft of a Report on the EDVAC*)的技术报告,这份报告详细描述了 EDVAC 的设计和功能,包括存储程序的概念、存储器结构、指令系统等。其核心思想是引入存储程序的概念。
- 1946 年,世界第一台现代电子计算机 ENIAC 诞生于美国宾夕法尼亚大学。电子数字积分计算机(Electronic Numerical Integrator And Computer, ENIAC)是继 ABC(阿塔纳索夫-贝瑞计算机)之后的第二台电子计算机和第一台通用计算机,可编程、可存储。程序不是存储在存储器中,而是通过手动设置开关和插线板来配置的。
- 1949 年剑桥大学莫里斯·威尔克斯(Maurice Wilkes)牵头开发了 EDSAC(Electronic Delay Storage Automatic Calculator)电子延迟存储自动计算器,是世界上第一台实际运行的存储程序计算机。
- 1952 年由约翰·冯·诺伊曼和约翰·普雷斯珀·艾克纳等人共同设计的 EDVAC (Electronic Discrete Variable Automatic Computer) 离散变量自动电子计算机问世,是世界上第一台台基于冯·诺伊曼架构的计算机。
- 1947 年,美国贝尔实验室的约翰·巴丁、布拉顿、肖克莱三人发明了晶体管,1956 年世界第一台晶体管计算机在贝尔实验室诞生。
- 1964 年,IBM 推出 System360 大型机,共用代号为 OS/360 操作系统。首次出现虚拟机、中断、分时、进程等概念。多道程序使多个用户能够共享使用计算机。

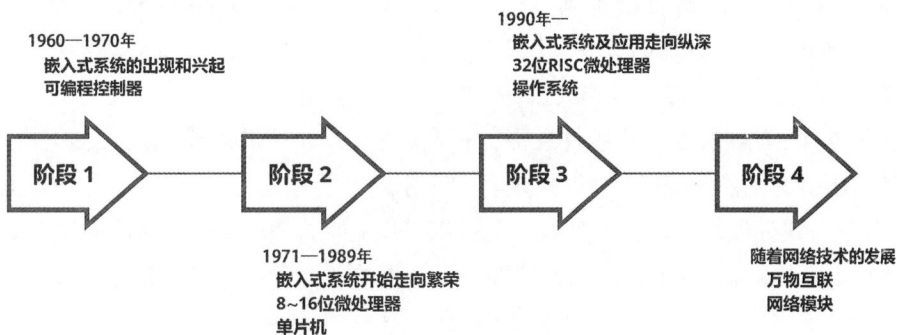

图 1-4  嵌入式系统的发展阶段

杰克·基尔比(Jack Kilby)和罗伯特·诺伊斯(Robert Noyce)在 1958—1959 年期间分别发明了锗集成电路和硅集成电路,集成电路的发展大大推进了计算机产业的发展,也加速带动了嵌入式系统硬件的进展。

从阶段划分上,通常将嵌入式的发展划分为兴起、繁荣、纵深和万物互联几个阶段。微处理器的问世使得嵌入式系统硬件进入繁荣发展阶段,其中的标志性产品有:

- 1971 年 11 月,微处理器诞生,代表产品 Intel 4004 微处理器 4 位。
- 1980 年,美国 Intel 公司推出 MCS – 51 单片机。
- 1985 年,美国 Xilinx 公司推出 FPGA(Field Programmable Gate Array,现场可编程门阵列)。
- 1988 年,DSP 微处理器问世,代表产品是美国 TI 公司的 TMS320C30。
- 1994 年,英国 ARM 公司推出 ARM610。

嵌入式系统的软件是随着硬件的发展而发展变化的,其本质是计算机编程语言的发展。在微处理器出现的初期,为了保障嵌入式软件的时间、空间效率,软件只能用汇编语言编写。随着微电子技术的进步,对软件时空效率的要求不再那么苛刻了,嵌入式计算机的软件开始使用 PL/M、C、C++等高级语言。对于复杂的嵌入式系统来说,除了需要高级编程语言外,还需要嵌入式实时操作系统的支持。

目前,嵌入式系统软件的趋势已向模块化、集成化、高可信、自适应、人性化等方向发展。但需要注意的是,嵌入式软件通常在 PC 端的开发工具上编译生成可执行文件,然后再将生成的可执行软件下载/烧录进嵌入式系统硬件中,而不是在编译生成的 PC 端直接执行。这一过程称之为交叉编译,将在后续章节介绍。这也是嵌入式软件与 PC 软件的最大区别。

## 1.2.2 发展趋势

从嵌入式系统的发展趋势看,嵌入式系统整体向着集成度更高、速度更快、处理能力更强、连接更开放的方向发展,在高性能、低功耗、AI 集成、边缘计算、安全性等方面不断增强,应用领域不断扩展,开发工具和生态也在持续完善。

在硬件方面,32 位处理器已得到更广泛的普及,64 位处理器逐步普及;单核和多核有各自的应用领域。MCU、FPGA、DSP 等齐头并进;DSP 与通用嵌入式微处理器集成(SoC)已成为现实。网络化功能发展日趋成熟,无线应用日益普及。

在软件方面,随着微处理器硬件性能的提高,嵌入式软件的规模也随之发生指数型增长。软件功能由只有内核发展为包括内核、网络、文件、图形接口、嵌入式 Java、嵌入式CORBA 及分布式处理等丰富功能的集合。人机接口更加友好,开发工具也更加丰富,集成度和易用性不断提高,可以覆盖嵌入式软件开发过程的各个阶段。

嵌入式系统整体呈现出以下 5 个方面的发展趋势:

(1) 技术融合与创新。人工智能与机器学习的整合:嵌入式系统将更多地集成 AI 和ML 技术,以支持智能决策和自动化任务。例如,在智能家居、自动驾驶等领域,嵌入式系统可以通过深度学习算法实现图像识别、语音控制和数据分析。边缘计算的兴起:随着物联网的发展,边缘计算成为重要趋势。嵌入式系统将数据处理能力从云端移至设备端或边缘服务器,减少延迟,提高实时性。处理器架构的演进:未来嵌入式系统将采用多核处理器、定制芯片等技术,提升计算能力和性能。

(2) 低功耗与可持续发展。低功耗设计:随着可穿戴设备和便携式设备的普及,低功耗设计成为关键。通过优化电源管理和硬件设计,嵌入式系统将实现更长的续航。环保与可持续性:嵌入式系统将更多地采用环保材料和可持续设计,以减少对环境的影响。

（3）安全性与隐私保护。随着设备联网的普及,嵌入式系统面临的安全威胁增加。未来将加强硬件和软件层面的安全措施,保护用户隐私。

（4）应用场景细分化。嵌入式系统将在物联网、汽车电子、医疗保健、智能家居、智慧城市等多个领域发挥重要作用,推动各行业的智能化发展。

（5）产业链协同发展。嵌入式系统的发展将促进全产业链的协同合作,包括芯片制造商、系统集成商和软件开发商等,共同推动技术进步和市场拓展。

## 1.3　特点和分类

基于嵌入式系统的定义和发展,可以看到嵌入式系统一般有以下特征:

（1）面向特定的应用。

（2）具有实时性的要求。

（3）具有高可靠性要求。

（4）由于资源、功耗的限制,具有高效能要求。

（5）操作系统具有可剪裁、轻量型、实时可靠等特点,一般是多任务实时操作系统。

（6）需要交叉开发环境和调试工具。

嵌入式系统的分类也可以从不同的角度划分,就好比给一盒乐高模块分类,可以从颜色、形状、作用等不同的维度来分。习惯上,按照控制技术的复杂度来描述,可以将嵌入式系统分为低端、中端和高端。

低端嵌入式系统以 4~8 位单片机为核心,以循环程序为主控制程序,应用上如数字血压计等;中端嵌入式系统采用简单的操作系统,例如门禁系统、远程电力抄表系统等;高端嵌入式系统采用实时操作系统,例如网络视频监控系统等。

还有其他的分类方法,例如,按用途分为军用、民用等;按载体分为机载、车载等;按通信性质分为无线、有线等;按网络性质分为联网、单机等;按功耗分为低功耗、普通功耗等。

▶ **思考与练习**

1-1　什么是嵌入式系统?请举出身边嵌入式系统二三例。

1-2　嵌入式系统的主要特点有哪些?

1-3　以下几个特点中哪个是通用计算机与嵌入式系统共有的?
专用性强;可执行多任务;系统精简。

1-4　嵌入式系统的主要应用领域有哪些?

1-5　简述嵌入式系统的发展历程。

# 第2章

# 嵌入式系统硬件基础

嵌入式系统的硬件一般包括嵌入式微处理器、存储器、输入/输出接口和外围设备等，各部分都有总线连接。

## 2.1 处理器芯片

嵌入式系统的硬件核心是处理器芯片。但一个处理器芯片一般来说不会仅包括处理器，往往会集成存储单元、外设控制器等，形成功能更强、集成度更高的片上系统芯片。根据集成度和功能组成的不同，嵌入式系统处理器芯片可简单划分为：微处理器（Micro Processor Unit）、微控制器（Micro Controller Unit）、片上系统（SoC，System on Chip）等，如图2-1所示。

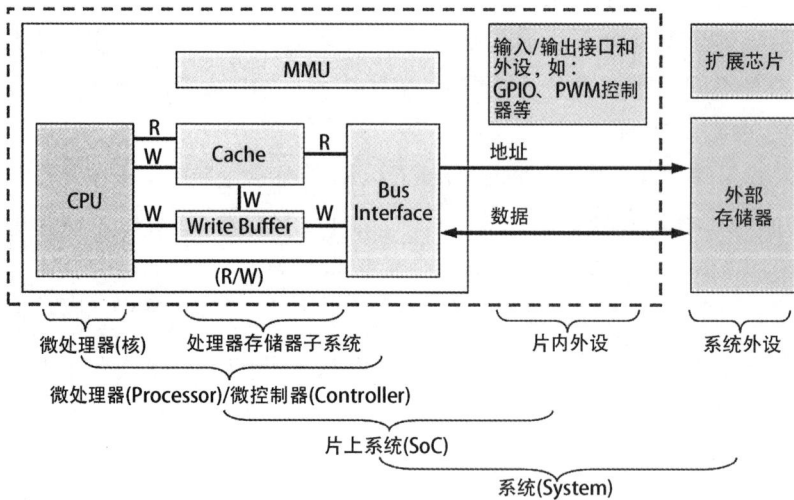

图2-1  嵌入式系统处理器芯片结构图

**1）微处理器（MPU：Micro Processor Unit）**

微处理器也称嵌入式微处理器单元（Embedded Micro Processor Unit，EMPU），主要有两种类型：

一种是通用处理器，用于嵌入式系统。这些处理器不是专门为嵌入式系统设计，却适用于嵌入式系统，如x86处理器。

另一种是为嵌入式设备专门设计的高性能、专用处理器。它们是由通用计算机处理器演变而来,只保留与嵌入式应用相关的功能硬件,去除其他冗余功能部分,配上必要的扩展外围电路,有功耗低、集成度高、体积小、算力强等特点,运算器、寄存器、总线通常有 8 位、16 位、32 位、64 位。典型代表有 386EX(Intel)、PowerPC(IBM)等。

**2)数字信号处理器(DSP:Digital Signal Processing)**

微处理器中有一种快速强大的专用功能芯片专门做数字信号处理,称为数字信号处理器(DSP)。

数据信号处理是一项可应用于多个领域的重要技术,有软件和硬件两种实现方式。数字信号处理器即是硬件实现方式,其处理速度快,已成为独立发展的处理器技术分支。

国外著名的嵌入式 DSP 处理器生产厂家有 TI 公司、AD 公司、NXP 公司、STMicroelectronics 等。

**3)微控制器(MCU:Micro Controller Unit)**

微控制器也称单片机(Single Chip Microcomputer,SCM)。它与嵌入式微处理器的区别是,微控制器的芯片中集成的功能更多,且更强调通过芯片管脚对外设的控制。简单地说,单片机就是将整个计算机系统集成在一块芯片中。

**4)片上系统(SoC:System on Chip)**

片上系统 SoC 也称为系统级芯片,它是把一个或多个 CPU 单元以及功能部件集成在一块芯片上,可以使系统电路板变得简洁,系统资源消耗变小。龙芯 1B 就是一款系统级芯片(SoC)。

近年来,基于现场可编程门阵列 FPGA 的 SoC 设计方案——可编程片上系统 SoPC(System On a Programmable Chip)引人注目。SoPC 平台国外的供应商主要是美国的 Xilinx(赛灵思)公司、Altera(阿尔特拉)公司和 Lattice(莱迪思)公司。SoPC 的开发工具主要是 Verilog,VHDL,以及 C 语言。

在以上主要分类之外,还有可编程逻辑器件 PLD(Programming Logic Device),包括现场可编程逻辑门阵列(FPGA)、复杂可编程逻辑器件(CPLD);多处理器片上系统 MPSoC(Multiple Processing System on Chip),例如赛灵思(Xilinx)公司于 2011 年推出的可扩展处理平台 Zynq-7000。

## 2.2 片上总线

总线是一组能为多个部件分时共享的公共信息传送线路。总线出现的目的就是方便芯片内外的扩展,因此存在片内总线、片外总线和系统总线等概念,这些概念总有一定的相对性。总线根据功能、在系统中的位置等不同的角度,可以进行分类,如图 2-2 所示。

在芯片通过总线扩展的同时又要不劣化系统的速度、兼容性、可靠性、功耗等,这些需求就促生了很多总线标准。

目前几种常用的片上总线如下:

```
总线 ┬ 按位置分 ┬ 片上/片内总线:芯片内部寄存器与寄存器之间,寄存器与 ALU 之间的连接线
     │         ├ 系统总线:芯片与外设之间的线路
     │         └ 通信总线:与其他系统通信的线路
     ├ 按功能分 ┬ 数据总线
     │         ├ 地址总线
     │         └ 控制总线
     ├ 按数据传输格式分 ┬ 串行:UART、I²C 等
     │                 └ 并行:PCI、ISA 等
     └ 按时序控制方式分 ┬ 同步
                       └ 异步
```

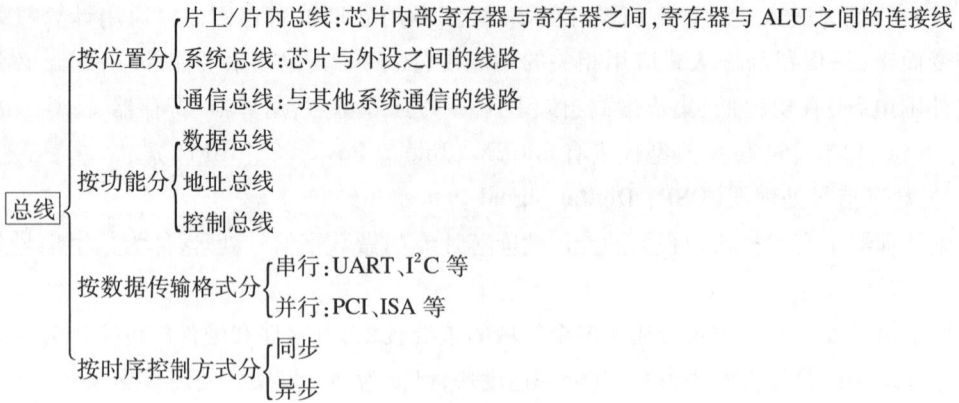

图 2-2　总线的分类

### 1) AMBA（Advanced Microcontroller Bus Architecture）总线规范

ARM 公司设计的一种用于高性能嵌入式系统的总线标准。

### 2) AVALON 总线

2000 年,Altera 公司专门为可编程芯片片上系统而推出的片内总线系统,与 Nios 系列软处理器一起,构成 Altera 公司可编程芯片片上系统解决方案的核心内容。

### 3) OCP(Open Core Protocol)总线规范

OCP 是 OCP-IP(开放式内核协议国际同盟)设计的一个规范,是为了在 SoC 设计中实现 IP 核的即插即用而制定的片上总线规范,是一种不依赖于特定处理器内核的总线协议。

### 4) Wishbone 总线规范

最先是由 Silicore 公司提出,现在已被移交给 OpenCores 组织维护。由于其具有开放性的特点,目前已经有不少的用户群体。Wishbone 总线规范的目的是作为一种 IP 核之间的通用接口。

AMBA 总线标准已发布了多个版本,每个版本都包括若干个总线标准,见表 2-1。

表 2-1　AMBA 的版本和内容

| 版本 | 发布时间 | 包含内容 |
|---|---|---|
| AMBA1.0 | 1996 年 | Advanced System Bus(ASB,高级系统总线)、<br>Advanced Peripheral Bus(APB1,高级外设总线 1) |
| AMBA2.0 | 1999 年 | Advanced High-performance Bus(AHB,高级高性能总线)、<br>Advanced System Bus(ASB,高级系统总线)、<br>Advanced Peripheral Bus(APB2,高级外设总线 2)、<br>Advanced Trace Bus(ATB,高级跟踪总线)、<br>Performance Trace Measurement(PTM,性能跟踪测量) |
| AMBA3.0 | 2003 年 | Advanced Extensible Interface(AXI3 或 AXI v1.0,高级可扩展接口 3)、<br>Advanced High-performance Bus Lite(AHB-Lite v1.0,高级高性能总线精简版 1.0)、<br>Advanced Peripheral Bus(APB3 v1.0,高级外设总线 3)、<br>Advanced Trace Bus(ATB v1.0,高级跟踪总线 1.0) |

| 版本 | 发布时间 | 包含内容 |
|------|---------|---------|
| AMBA4.0 | 2010 年 | AXI Coherency Extensions(ACE,AXI 一致性扩展)、<br>AXI Coherency Extensions Lite(ACE-Lite,AXI 一致性扩展精简版)、<br>Advanced Extensible Interface 4(AXI4,高级可扩展接口 4)、<br>Advanced Extensible Interface 4 Lite(AXI4-Lite,高级可扩展接口 4 精简版)、<br>Advanced Extensible Interface 4 Stream(AXI4-Stream v1.0,高级可扩展接口 4 流)、<br>Advanced Peripheral Bus(APB4 v2.0,高级外设总线 4)、<br>Advanced Trace Bus(ATB v1.1,高级跟踪总线 1.1)、<br>AMBA Low Power Interfaces(Q-Channel 和 P-Channel,AMBA 低功耗接口) |
| AMBA5.0 | 2013 年 | AXI5(高级可扩展接口 5)、<br>AXI5-Lite(高级可扩展接口 5 精简版)、ACE5(AXI 一致性扩展 5)、<br>Advanced High-performance Bus(AHB5,高级高性能总线 5;AHB-Lite,高级高性能总线精简版)、<br>Coherent Hub Interface(CHI,一致性中枢接口)、<br>Distributed Translation Interface(DTI,分布式转换接口)、Generic Flash Bus(GFB,通用闪存总线)、<br>APB5(高级外设总线 5) |

其中,APB、AHB 和 AXI 是目前常用的基本 AMBA 总线内容。ASB 主要应用于早期的 AMBA 架构系统中,连接处理器、内存控制器等高性能组件,但随着 AHB 和 AXI 的出现,其应用逐渐减少。APB 广泛应用于连接各种低速外设,如定时器、UART 等,是 SoC 中连接外设的常用总线协议。AHB 常用于连接高性能的处理器、内存控制器、高速缓存等组件,是现代 SoC 设计中实现高性能数据传输的重要总线协议。AXI 适用于高性能、高带宽、复杂的 SoC 设计,特别是在多核处理器系统、图形处理单元(GPU)、高速存储接口等场景中得到了广泛应用。

一个典型的基于 AMBA 的微控制器将使用 AHB 或 ASB 总线,再加上 APB 总线,如图 2-3 所示。图中,DMA 在 SoC 系统中,通过 AHB 总线与 CPU 协同工作。

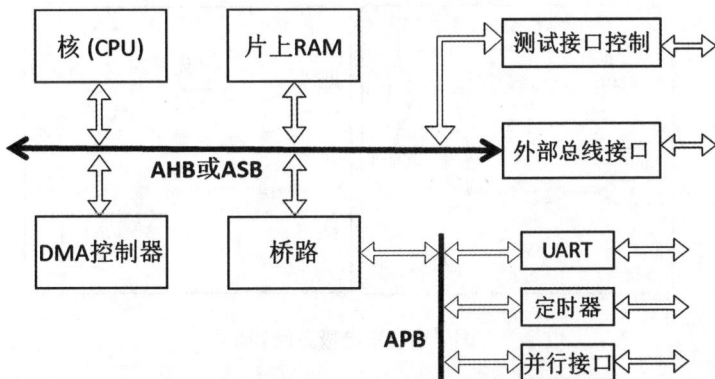

图 2-3　典型的 AMBA 嵌入式系统

## 2.3　I/O 管脚

I/O 端口又称为 I/O 接口、输入/输出接口,它是微处理器对外控制和信息交换的必经之路,在 CPU 与外部设备之间起信息转换和匹配的作用。如:GPIO(General Purpose I/O port)、UART、中断控制器、定时器(Timer)、计数器(Counter)、看门狗(Watchdog)、RTC、PWM(Pulse Width Modulator)、显示器、键盘和网络等,都可看成 I/O 端口。

芯片的管脚输入方式有:上拉输入、下拉输入、浮空输入、模拟输入等;输出方式有:推挽输出、开漏输出等。这里简单围绕龙芯 1B 的推挽输出、上拉输入介绍常用的输入/输出方式。

**1) 推挽(Push-Pull)输出**

推挽电路使用两个参数相同的三极管或 MOSFET,以推挽方式存在于电路中。电路工作时,两只对称的开关管每次只有一个导通,所以导通损耗小、效率高。输出既可以向负载灌电流,也可以从负载抽取电流。

以"上 N 下 P"的三极管组成推挽电路为例,如图 2-4 所示:

① 当输入信号为正电压时,NPN 导通,PNP 截止。电流从 $V_{CC}$ 流入负载。此为"推",$V_{in} > V_{out}$。

② 当输入信号为负电压时,PNP 导通,NPN 截止。电流从地流入负载,通过 PNP 流回负电压。此为"挽",$V_{in} < V_{out}$。

推挽输出既提高了电路的负载能力,也提高了开关速度,可以做到真正的高低电平的输出,但是不能做"线与"。

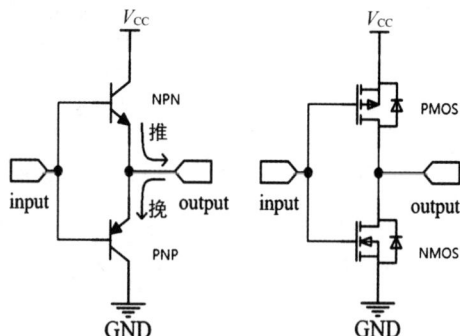

图 2-4　推挽输出

**2) 开漏(Open-Drain)输出**

开漏输出有集电极开路(Open-Collector)的 OC 门和漏极开路(Open-Drain)的 OD 门。集电极开路是指三极管的集电极什么也不接,如图 2-5 所示。

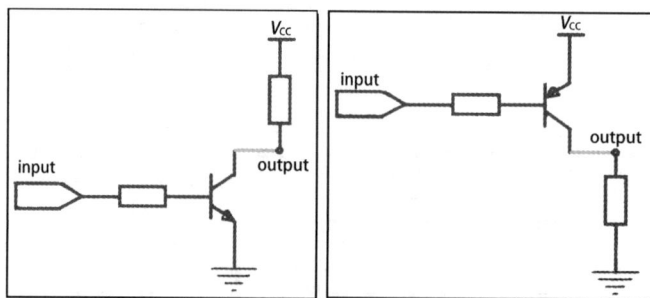

图 2-5　集电极开路输出

① 对于 NPN 三极管集电极开路输出,如图 2-5 所示,当 input 为高时,三极管导通,

output 为低；当 input 为低时，三极管高阻，output 不确定，所以 output 一般需要通过上拉电阻接到电源上，这样就使得当 input 为低时输出 output 为高。

② 对于 PNP 三极管的集电极开路输出，则是通过下拉电阻连接到 GND，可以将"悬空"引脚拉到低电平。

③ 漏极开路就是指 MOS 管的漏极什么也不接，对于 NMOS 晶体管开漏输出：如图 2-6 所示，当晶体管导通时，输出引脚与 GND 连接（逻辑 0），当晶体管截止时输出引脚"悬空"。"悬空"引脚的电压无法预测，上拉电阻连接到电源，可以将"悬空"引脚拉到高电平。PMOS 则采用下拉电阻连接到 GND，可以将"悬空"引脚拉到低电平。

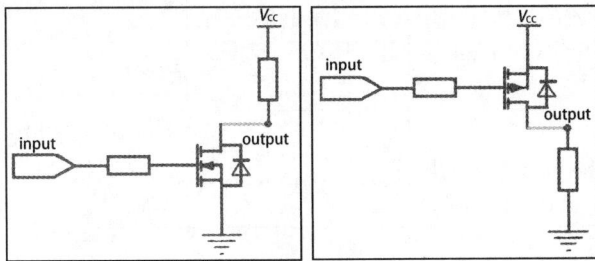

图 2-6　漏极开路输出

NPN 的 OC 门和 NMOS 的 OD 门电路不具备输出高电平的能力，但可以通过上拉电阻接到电源实现"线与"，常用于单线双向传输（$I^2C$，One-Wire），当总线空闲时，SDA 和 SCL 两条线路都是高电平。

**3）浮空（Floating）输入**

浮空就是输入引脚既不接高电平，也不接低电平，所以 I/O 口的电平状态是不确定的，可能是高，也可能是低。

**4）上拉（Input Pull Up）/下拉（Input Pull Down）输入**

如图 2-7 所示，上拉输入时，通过一个上拉电阻接到电源。在该模式下，引脚悬空时，

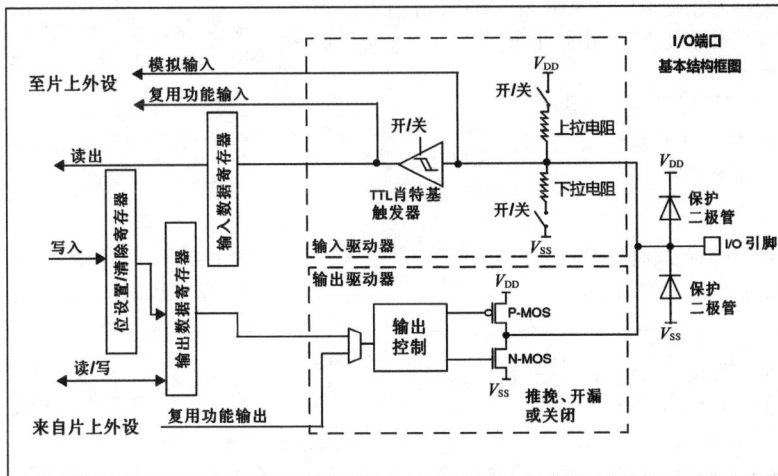

图 2-7　上拉/下拉输入

端口的电平为高。这样做可以提高电路的稳定性,避免引起误动作,同时也能够提高 I/O 口的带负载能力。

下拉输入时,通过一个下拉电阻接到逻辑低电平,引脚悬空时,端口的电平为低。

几种常用的输入和输出形式的对比如表2-2所示。

表 2-2　几种常见的输入和输出形式对比

| 输入/输出类型 | 特点 | 优点 | 缺点 | 应用场景 |
|---|---|---|---|---|
| 上拉输入 | 数字输入<br>引脚通过内部或外部电阻连接到高电平(如 $V_{cc}$),默认为高电平 | 防止引脚电平浮动,适合开关或按键输入 | 需要外部上拉电阻(外部上拉时),可能增加功耗 | 按键输入、开关信号 |
| 下拉输入 | 数字输入<br>引脚通过内部或外部电阻连接到地,默认为低电平 | 防止引脚电平浮动,适合开关或按键输入 | 需要外部下拉电阻(外部下拉时),可能增加功耗 | 按键输入、开关信号 |
| 浮空输入 | 数字输入<br>引脚未连接任何电阻,电平状态不确定 | 简单,无需额外电阻 | 易受干扰,电平不确定,可能导致误触发 | 按键输入(不推荐) |
| 模拟输入 | 模拟输入<br>输入模拟信号,需通过 ADC 转换为数字信号 | 可处理连续变化的信号,适用于模拟传感器 | 需要 ADC 模块,处理速度较慢 | 温度传感器、压力传感器 |
| 差分输入 | 数字/模拟输入<br>通过两根信号线传输,信号为两根线的差值 | 抗干扰能力强,适合长距离传输 | 接线复杂,成本较高 | 高速通信、工业控制 |
| 推挽输出 | 使用两个互补晶体管(P 型和 N 型),能够输出稳定的高电平和低电平 | 驱动能力强,输出信号完整,适合高电流负载 | 需要额外的控制逻辑防止短路,功耗较高 | 驱动 LED、电机、继电器等 |
| 开漏输出/OC | 只能输出低电平或高阻态,需要外接上拉电阻实现高电平 | 简单,适用于多设备共享总线,支持电平转换 | 需要外部上拉电阻,高电平输出速度较慢 | $I^2C$ 总线通信、电平转换 |
| 三态输出 | 输出三种状态:高电平、低电平和高阻态 | 适用于总线结构,可避免信号冲突,支持双向通信 | 需要额外控制信号,设计复杂度增加 | 数据总线、双向通信接口 |
| 模拟输出 | 输出连续变化的模拟信号,通常通过 DAC 实现 | 可精确控制输出信号幅度,适用于模拟信号处理 | 需要 DAC 模块,设计复杂,功耗较高 | 音频信号、传感器信号处理 |
| 差分输出 | 使用两根信号线输出,信号为两根线的差值 | 抗干扰能力强,适合长距离传输,信号完整性好 | 接线复杂,成本较高 | 高速通信接口(如 LVDS)、工业控制 |
| 施密特触发输出 | 输出信号具有滞回特性,能够有效抑制噪声 | 抗干扰能力强,适用于噪声环境 | 增加输出延迟,不适合高频信号 | 驱动低速数字信号、按键信号 |

## 2.4　认识龙芯 1B

### 2.4.1　体系结构

龙芯 1B 集成了处理器核、显示控制器、内存控制器、外设功能控制器和输入/输出功能接口,如表 2-3 所示。

表 2-3　龙芯 1B 各接口功能

| | |
|---|---|
| 处理器核 | GS232 双发射龙芯处理器核,指令和数据 L1 Cache 各 8 kB |
| 显示控制器 | LCD 控制器,最大分辨率可支持到 1 920 * 1 080@60 Hz/16 bit |
| 内存控制器 | 16/32 位 133 MHz DDR2 控制器 |
| Flash | 8 位 NAND flash 控制器,最大支持 32 GB |
| 集成功能 | 看门狗电路;中断控制器,支持灵活的中断设置;2 个 10 M/100 M 自适应 GMAC;AC97 控制器;2 个 SPI 控制器,支持系统启动;2 个 CAN 总线控制器;3 路 $I^2C$ 控制器,兼容 SMBUS;4 个 PWM 控制器 |
| I/O 接口 | 1 个 RTC 接口;1 个 USB2.0 接口,兼容 EHCI 和 OHCI;1 个全功能串口、1 个四线串口和 10 个两线串口;62 个 GPIO 端口 |

龙芯 1B 芯片结构图如图 2-8 所示。

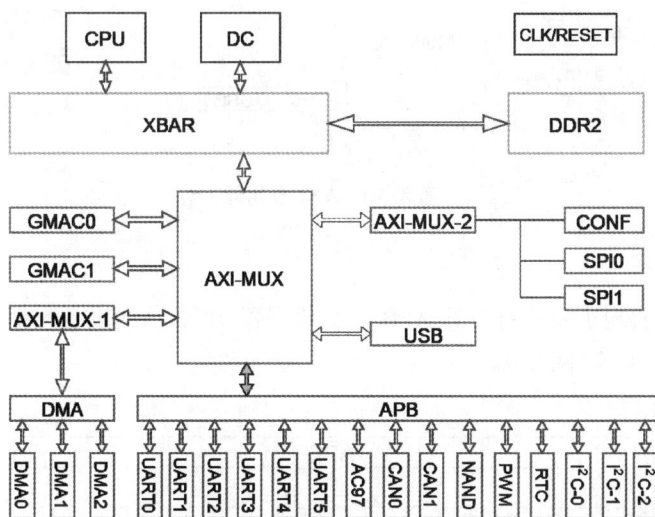

图 2-8　龙芯 1B 芯片结构图

其中,DC:Data Cache,数据缓存;GMAC:Gigabit Media Access Controller,千兆位介质访问控制器;DMA:Direct Memory Access,直接内存存取;MUX:Multiplexer,多路选择器;SPI:Serial Peripheral Interface,串行外设接口;CONF:Configuration,配置寄存器。

处理单元 CPU 又称作处理器核,AXI、APB 是片上总线标准。龙芯 1B 片上总线采用了 AMBA 架构。具体到龙芯 1B 的片上总线连接,分了几个层次级别。

### 1) AXI 交叉开关

龙芯 1B 芯片内部顶层结构由 AXI 交叉开关 XBAR 互连,其中 GS232、DC、AXI-MUX 作为主设备通过 3×3 交叉开关连接到系统;DC、AXI-MUX 和 DDR2 作为从设备通过 3×3 交叉开关连接到系统(图 2-9)。

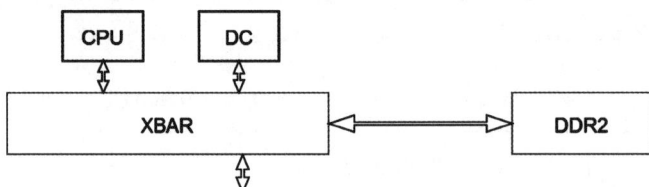

图 2-9  AXI 总线的交叉开关

### 2) AXI 复用器

在 AXI 复用器 AXI-MUX 内部实现了 AHB 和 APB 模块到顶层 AXI 交叉开关的连接,其中 AXI-MUX-1、GMAC0、GMAC1、USB 作为复用器主设备访问交叉开关;AXI-MUX-2 (包括 CONF、SPI0、SPI1)、APB、GMAC0、GMAC1、USB 等又作为从设备被来自 AXI 复用器的主设备访问(图 2-10)。

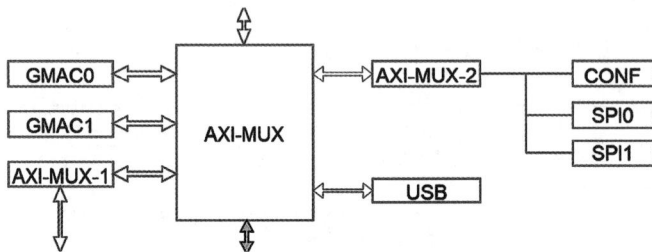

图 2-10  AXI 复用器

### 3) APB

在 APB 内部实现了系统对内部 APB 接口设备的访问,这些设备包括 RTC、PWM、$I^2C$、CAN、NAND、UART 等(图 2-11)。

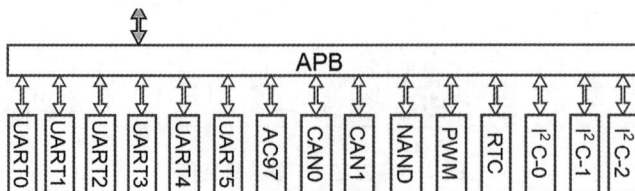

图 2-11  外设连接

需要注意的是,龙芯 1B 集成的功能通过封装管脚引出时,管脚是有复用的。例如,某个管脚可以用于 GPIO,也可以用于 PWM 的输出,这个功能复用由芯片内的硬件决定,在使用时是什么功能,则由配置寄存器的设置决定。而配置寄存器的写入,则通过代码中的定义完成。关于管脚的复用,将在实验部分描述。

GPIO 是一种通用的、可编程的接口,用户可以根据需要编程设置 GPIO 引脚的电平和功能。在龙芯 1B 系统中,GPIO 是主要的数据输入/输出接口之一,GPIO 对应的所有管脚都是推挽输出、上拉输入,如表 2-4 所示。

表 2-4  龙芯 1B GPIO 输入/输出电平

| GPIO | 高电平 | 低电平 |
| --- | --- | --- |
| 上拉输入 | 3.3~5 V | 0 V |
| 推挽输出 | 3.3 V | 0 V |

## 2.4.2  BGA 封装

龙芯 1B 共 256 只管脚,采用 BGA256 封装,外部尺寸约 17 mm×17 mm。BGA(Ball Grid Array Package)球栅阵列封装,属于第三代芯片封装技术,如图 2-12 所示。BGA 的 I/O 引脚数虽然增多,但引脚间距并不小,从而提高了组装成品率;厚度和重量都较以前的封装技术有所减少;寄生参数减小,信号传输延迟小,使用频率大大提高;组装可用共面焊接,可靠性很高。

图 2-12  BGA 封装

第一代封装技术是双列直插封装,简称 DIP(Dual ln-line Package),如图 2-13 所示,兴起于 20 世纪 70 年代。DIP 封装在当时适合用于 PCB(印刷电路板)的穿孔安装。DIP 封装的结构形式很多,包括多层陶瓷双列直插式 DIP、单层陶瓷双列直插式 DIP、引线框架式 DIP 等。

图 2-13  DIP 封装

第二代封装技术以 20 世纪 80 年代出现的内存封装 TSOP 为代表,TSOP(Thin Small Outline Package)即薄型小尺寸封装,其典型特征就是在封装芯片的周围做出引脚(图 2-14)。到目前为止,TSOP 还保持着在内存封装界的主流地位,不少知名内存制造商,如三星、现代、Kingston 等目前都采用这项技术进行内存封装。

图 2-14  TSOP 封装

第三代的 BGA 与 TSOP 相比,具有更小的体积,更好的散热性能和电性能,更能适用于高频、高速的新一代内存封装的需求。采用 BGA 新技术封装的内存,可以使所有计算机中的 DRAM 内存在体积不变的情况下内存容量提高两到三倍。

衡量一个芯片封装技术先进与否的重要指标是芯片面积与封装面积之比,这个比值越接近 1 越好。在第一代 DIP 封装中,这个比值为 1:1.86。

### 2.4.3　时钟管理

芯片时钟指的是芯片内部用于协调和同步各个电子元件操作的时钟信号,不同的功能模块,需要不同频率的时钟信号,时钟模块通常会通过分频、倍频、PLL 锁相环电路产生系统功能模块所需要的各种时钟。在 SoC 芯片中,常见的时钟信号包括以下几种:

① 系统时钟:系统时钟是 SoC 芯片中最重要的时钟信号,它驱动整个芯片的操作和数据传输。

② 内部总线时钟:SoC 芯片通常使用内部总线来实现各个部件之间的数据传输和通信。

③ 外部接口时钟:SoC 芯片通常会提供多种外部接口,如串行接口(如 USB、Ethernet)、并行接口(如 GPIO)、存储接口(如 SD 卡、SPI Flash)等。每个外部接口都可能需要独立的时钟信号来驱动数据传输操作。

龙芯 1B 芯片的时钟管理模块产生三个主要时钟:CPU_clk、DDR_clk 和 DC_clk,CPU_clk 用于 CPU 内核电路,DDR_clk 用于片外 DDR2 内存访问,DC_clk 用于片上内存访问。

系统中集成了一个 PLL,PLL 从 OSC 晶体振荡器中获得外部的输入参考时钟,并根据配置信息,产生一个高频输出 PLL_clk。系统需要的 CPU_clk、DDR_clk 和 DC_clk 均由此高频输出时钟分频而来。PLL 在系统 Reset 时从外部 PAD 的状态获取初始配置,该 PLL 在进入系统后可以再次配置。时钟管理模块工作结构图如图 2-15 所示。

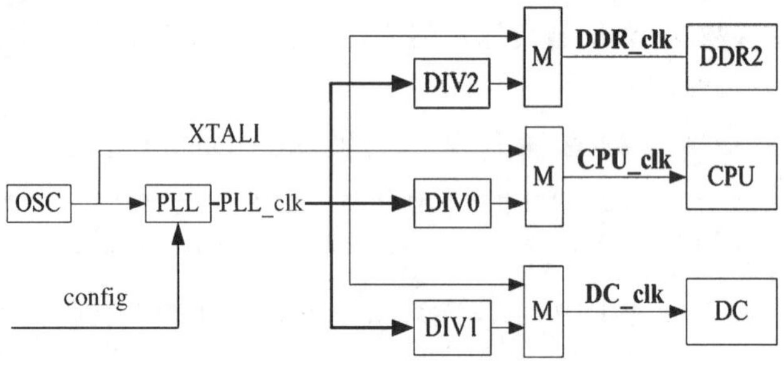

图 2-15　龙芯 1B 的时钟模块

在龙芯 1B 芯片中,SPI、$I^2C$、PWM、CAN、Watch Dog、UART 等模块工作都需要参考时钟,这些时钟用来实现计数或确定分频系数,从而产生各自的工作时钟。这些模块的参考时钟工作在相同频率,其频率均为 DDR_clk 频率的一半。具体分配系数和计数的确定参考《龙芯 1B 处理器用户手册》。

*《龙芯 1B 处理器用户手册》*

### 2.4.4　电源

电源为芯片提供所需电力的来源,它直接影响着芯片能否正常、稳定地运行,芯片不同的电路需要的电源不尽相同。芯片电源域是指芯片内部的电力供应和管理区域,为了降低功耗、消除干扰、提升可靠性以及供电管理的需求,通常会将芯片内部的电力供应需求划分为多个不同的区域,即电源域。不同的电源域,可以使用相同的电压等级,也可以使用不同的电压等级,常见的电压等级包括:5 V、3.3 V、1.8 V、1.25 V 等,除了以上列举的电压等级外,还可能存在更低的电压等级,如 1.2 V、1.0 V、0.9 V、0.8 V 等。

龙芯 1B 芯片内部的工作部分包括 4 个电源域,如表 2-5 所示。

表 2-5　龙芯 1B 的电源域列表

| 电源域 | 描　　述 |
|---|---|
| Core | 为 SoC 芯片内部主要功能模块供电,包括 CPU 核、内部数字锁相环 PL 等,推荐的电压等级为 1.25 V |
| RTC | 为芯片 RTC 电路独立供电,用于提供连续、准确的时间和日期信息,推荐的电压等级为 3.3 V。<br>系统断电时,由外部电池供电;系统工作时,供电由外部电路切换到普通电源 |
| DDR | DDR2 接口工作所需电源,推荐的工作电压等级为 1.8 V,参考电压等级为 0.9 V |
| PAD | 普通 3.3 V 接口所需电源,如 I/O、USB 模拟电源、PLL 电源等 |

## 2.5　龙芯 1B 开发板和实验箱

龙芯 1B 开发板
和实验箱介绍

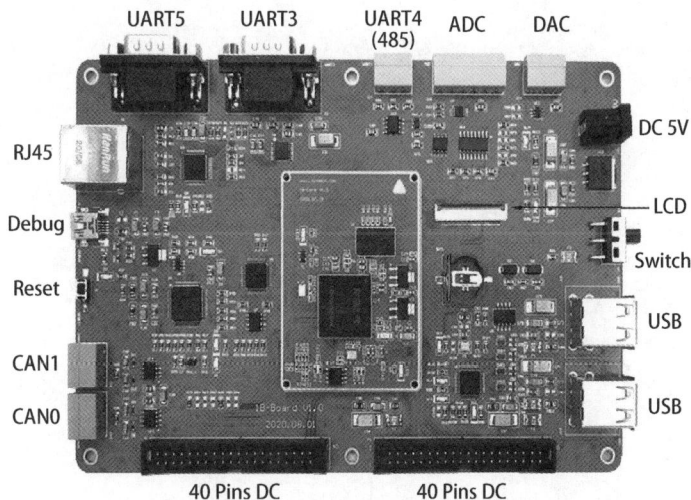

本实验的硬件是基于龙芯 1B 开发板(图 2-16),引出了 GPIO 和部分外设接口作为实验互动展示输入/输出,设计制作了教学实验箱。开发板和实验箱的介绍可扫码观看视频。

图 2-16　龙芯 1B 开发板

## 思考与练习

2-1　嵌入式硬件系统由哪些部分组成?

2-2　嵌入式系统处理器芯片根据功能和集成度分为哪几种? 龙芯 1B 属于哪一种?

2-3　按功能划分,嵌入式系统中有数据总线、地址总线和指令总线,正确吗?

2-4　I/O 管脚的输入/输出电路设计主要有哪几种?

2-5　从封装、管脚到电源、时钟,说说你对龙芯 1B 的认识。

# 第3章

# 嵌入式系统典型技术 I

## 3.1 处理器

处理器,即中央处理器 CPU (Central Procession Unit),也称中央处理单元。在芯片上,CPU 更多地被称作处理器核。处理器从功能上看一般包括:运算单元、控制单元、存储单元三大部分,这三部分由 CPU 内部总线连接起来,如图 3-1 所示。

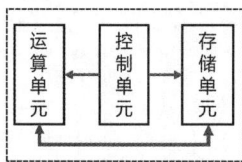

**图 3-1 处理器的构成**

运算单元的主要功能部件是算术逻辑单元(Algorithm Logic Unit),可以执行算术运算和逻辑运算(包括移位、比较等)。运算器接受控制单元的命令而进行动作,即运算单元所进行的全部操作都是由控制单元发出的控制信号来指挥的,所以它是执行部件。

控制单元(Control Unit)主要负责对指令译码,并且发出为完成每条指令所要执行的各个操作的控制信号。一般包括指令寄存器(Instruction Register, IR)、指令译码器(Instruction Decoder, ID)、程序计数器(Program Counter, PC)、操作控制器(Operation Controller, OC)和时序发生器等部件。操作控制器有两种设计实现方式:一种是以逻辑硬布线结构为主的组合逻辑方式;另一种是以微存储为核心的微程序控制方式,这是一种以软件实现硬件功能的方式。

微程序控制方式是事先编制好各段微程序,并将其存入控制存储器中,执行机器指令时,从控制存储器中找到相应的微程序段,逐次取出微指令,微指令再经过译码产生所需微命令,控制各步操作完成。一条机器指令对应一段微程序,一段微程序由若干条微指令组成。

程序=$n$ 机器指令;

机器指令=$n$ 微程序;

微程序=$n$ 微指令;

微指令=$n$ 微命令;

微命令=$n$ 微操作。

存储单元(Memory)包括 CPU 片内缓存和寄存器组,是 CPU 中暂时存放数据的地方,里面保存着那些等待处理的数据,或已经处理过的数据。CPU 访问寄存器所用的时间要比访问内存的时间短,采用寄存器,可以减少 CPU 访问内存的次数,从而提高 CPU 的工作速度。

寄存器组可分为专用寄存器和通用寄存器。专用寄存器的作用是固定的,分别寄存相应的数据;而通用寄存器用途广泛且可由程序员规定其用途,通用寄存器的数目因微处理器而异。

处理器的功能结构图如图 3-2 所示。其中:

程序状态字寄存器(Program Status Word,PSW),用来存放两类信息,一类是体现当前指令执行结果的各种状态信息,称为状态标志;另一类存放控制信息,称为控制状态。有些机器中将 PSW 称为标志寄存器(Flag Register,FR)。

累加器(Accumulator,ACC),是一种寄存器,用来储存计算产生的中间结果。

数据缓存,即数据缓存寄存器(Data Register,DR)。

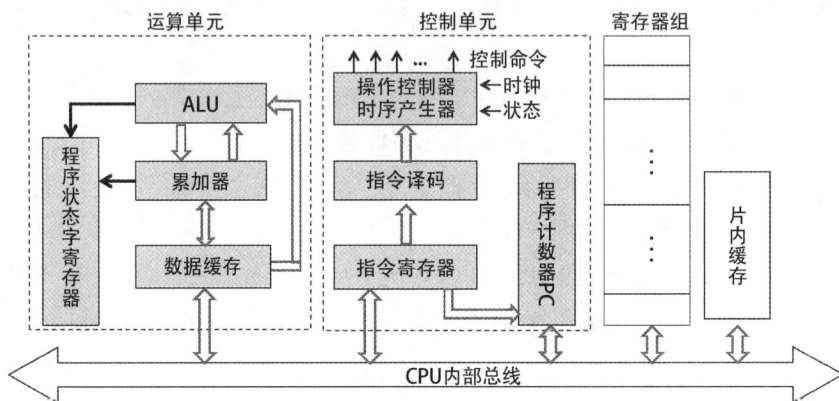

图 3-2　处理器的功能结构图

操作控制器(Operation Controller,OC),产生控制微命令。

与通用的处理器相比,嵌入式微处理器具有:体积小、重量轻,低功耗、低成本,抗电磁干扰、可靠性强,集成度高、容易模块化等特点。

嵌入式微处理器可以用主频和位数、体系结构、指令集等指标来表征。

主频是指处理器内核工作的时钟频率。此外还有外频和倍频的概念。外频又称为 CPU 的基准频率,是处理器与周边设备传输数据的频率,就是系统总线的工作频率。倍频是外频与主频相差的倍数。三者的关系为:主频=外频×倍频。

位数是处理器一次运算所能处理的二进制数的位数,也称数据位宽、字长,常见的位数有 8 位、16 位、32 位、64 位。龙芯 1B 的位宽是 32。

主频和位数的发展情况如表 3-1 所示。

表 3-1　主频和位数的发展情况表

| | 20 世纪 80 年代中后期 | 20 世纪 90 年代初期 | 20 世纪 90 年代中后期 | 21 世纪初期 |
|---|---|---|---|---|
| 制作工艺 | 1~0.8 μm | <0.8~0.5 μm | <0.5~0.35 μm | 0.25~0.13 μm |
| 主频 | <33 MHz | <100 MHz | <200 MHz | <600 MHz |
| 晶体管个数 | >500 k 个 | >2 M 个 | >5 M 个 | >22 M 个 |
| 位数 | 4/8/16 位 | 4/8/16/32 位 | 4/8/16/32 位 | 4/8/16/32/64 位 |

这里需要注意的是,总线常用的技术参数有线宽、频率等,和处理器的位数主频都有关,如图 3-3 所示。

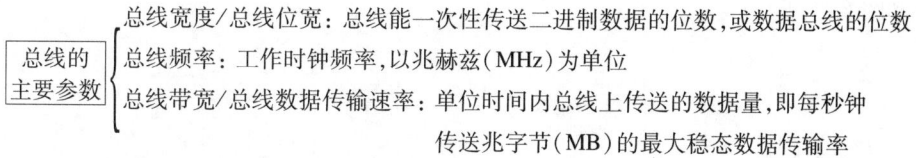

```
          ┌ 总线宽度/总线位宽:总线能一次性传送二进制数据的位数,或数据总线的位数
总线的   │ 总线频率:工作时钟频率,以兆赫兹(MHz)为单位
主要参数 │ 总线带宽/总线数据传输速率:单位时间内总线上传送的数据量,即每秒钟
          └           传送兆字节(MB)的最大稳态数据传输率
```

**图 3-3　总线的主要参数**

总线带宽(Bus Bandwidth)是指在计算机系统中通过数据总线传输数据的能力或容量,即表示单位时间内在总线上可以传输的数据量。它通常以比特每秒(bps)或字节每秒(Bps)为单位来衡量。总线带宽的大小取决于总线的宽度、频率和数据传输协议等因素。

## 3.1.1　处理器架构

和通用计算机的 CPU 类似,嵌入式微处理器最基本的架构是冯·诺伊曼(Von Neumann)结构和哈佛(Harvard)结构。

### 1)冯·诺伊曼结构

冯·诺伊曼架构也称为冯·诺伊曼模型或普林斯顿架构,是基于 1945 年约翰·冯·诺伊曼和其他人在 EDVAC 报告中的描述提出的;报告中描述了包含算术逻辑单元和处理器寄存器的处理单元,指令寄存器和程序计数器的控制单元,保存数据和指令的存储器单元,以及输入和输出设备等要素的电子数字计算机的设计架构,如图 3-4 所示。

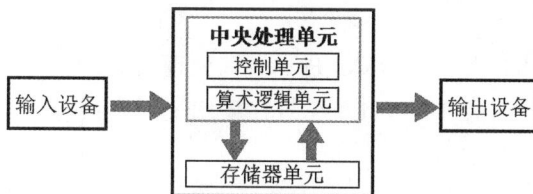

**图 3-4　电子数字计算机的设计架构**

"冯·诺伊曼架构"这个术语已经演变为指代任何采用类似"存储程序数字计算机"的计算机体系结构,如图 3-5 所示。程序指令和数据保存在相同的可读写的随机存取存储器中。冯·诺伊曼架构中指令(即程序)和数据存储在相同的存储器中,因此不能同时发生向内存中取指令和读写数据的操作,这样简化的硬件成为冯·诺伊曼瓶颈,通常会限制系统的性能。

**图 3-5　冯·诺伊曼架构**

### 2)哈佛结构

在哈佛结构中,指令存储和数据存储分别使用独立的存储器模块,这意味着指令和数据存储在不同的物理存储设备中,如图 3-6 所示。这使得哈佛架构可以同时从指令存储器和数据

存储器中获取内容,从而可以实现并行的指令取出和数据存取。某些情况下,程序存储器也用来存储数据。哈佛结构在一些特定的应用领域中被广泛使用,如高性能数字信号处理器(DSP)和图像处理。

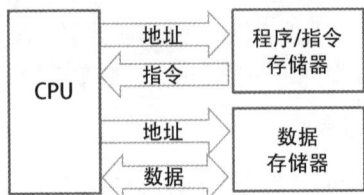

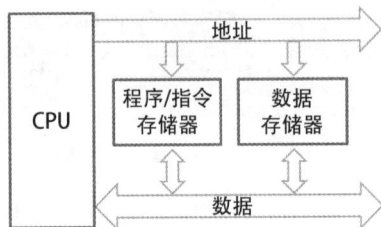

图 3-6　哈佛结构　　　　　　图 3-7　改进型的哈佛结构

哈佛结构使用两套独立的总线,两套总线之间毫无关联。也可以采用一套总线访问两个存储器,这样的设计兼顾了性能和成本,又称为改进型的哈佛结构(Modified Harvard Architecture),如图 3-7 所示。

**3) 混合型结构**

混合型结构是指非纯粹的冯·诺伊曼或纯粹的哈佛结构。如图 3-8 所示,微处理器中的缓存设计,在接近控制单元的高速缓存(L1 Cache)中,指令和数据存储分开,但是地址空间并不隔离,称为哈佛结构 Cache,或分离型 Cache。

第二层高速缓存(L2 Cache)程序和数据共用,称为普林斯顿结构 Cache,或统一型 Cache。

大部分处理器,如 x86、嵌入式 ARM、PowerPC 处理器等,处理器内 L1 级缓存使用哈佛结构,L2 级、L3 级缓存采用统一型;越远离控制单元的越多采用统一型。

图 3-8　混合型结构

**4) 架构小结**

根据当前现有处理器/微控制器的分类,从使用结构考虑,再结合芯片特点及场景分析如下:

① 使用冯·诺伊曼结构:大部分嵌入式/商用处理器(如 ARM/x86 等)在 L2/L3 缓存、内存这一段使用。

② 使用哈佛结构:DSP 中大量存在。

③ 使用改进型的哈佛结构:在 MCU 中大量存在。

④ 使用混合型结构:现代 CPU 的主流架构。

请注意:体系结构的类型与指令和数据是否采用独立总线无关,而与指令和数据的存储空间是否独立有关。

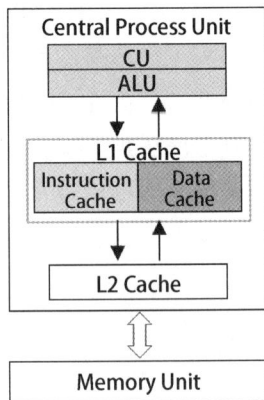

## 3.1.2　流水线

流水线(Pipeline)这个术语最早来自工厂中的流水线工人。假设在装配这个产品的过程中,每个工人的工作强度一样,设为 $N$, 完成每个任务所需要的时间相同,设为 $T$, 则安装完一个产品所需要的总时间为 $NT$。

如果将工人装配产品的过程按时间划分,则得到如图 3-9 所示的结果。

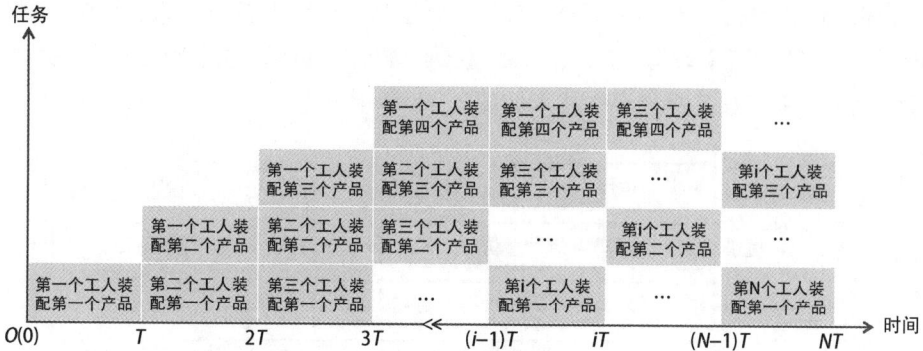

图 3-9 生产线的流水线时间示意图

当处理器指令通道有 3 个单元(取指单元、译码单元和执行指令单元)时,处理一条指令要经过 3 个步骤:

第一步:取指(从存储器装载一条指令)。

第二步:译码(识别将要被执行的指令)。

第三步:执行(处理指令并将结果写回寄存器或内存)。

在早期计算机系统所使用的处理器中,取指单元、译码单元和执行指令单元采用串行执行,即非流水方式。处理过程依次如图 3-10 所示。

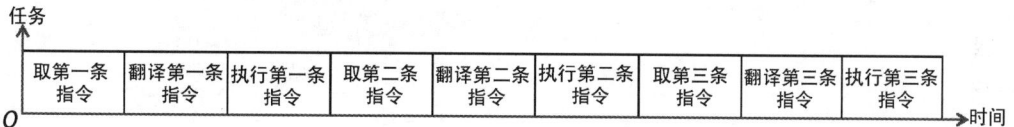

图 3-10 串行指令处理图

从指令存储器中将机器指令取到指令寄存器中——→在译码单元中,对指令进行分析,产生微代码/微码——→在处理器的功能部件中执行微码具体的逻辑行为。

然后,重新开始取出一条新的指令,译码,最后执行,周而复始。

假设取指、译码和执行指令所需要的时间均等,均为 $T$; 采用流水线后的指令通道如图 3-11 所示。

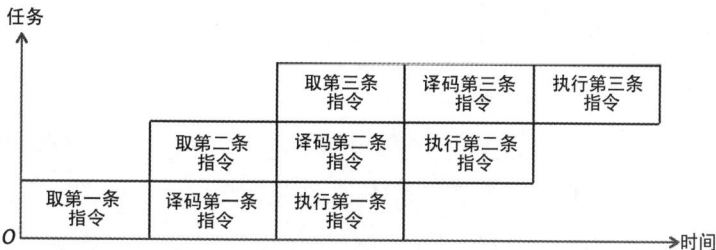

图 3-11 流水线指令处理图

比较图 3-10 和图 3-11,当未采用流水线时,完成 3 条指令的执行需要 $9 \times T$ 个时间长度;当采用流水线时,完成 3 条指令的执行仅需要 $5 \times T$ 个时间长度,时间缩短约为原来的一半。指令的个数越多,流水线的优势就越明显。

对前述串行的取指单元、译码单元和执行指令单元进行三级流水设计,微处理器在同一时间周期并行执行若干条指令的取指、译码、执行操作,其运行效率约是逐条执行指令的 3 倍。进一步,三级到八级的流水线技术如图 3-12 所示。

图 3-12　三级到八级的流水线指令处理图

那么有没有所谓的最佳的流水线呢? 我们举个例子,如图 3-13 所示。

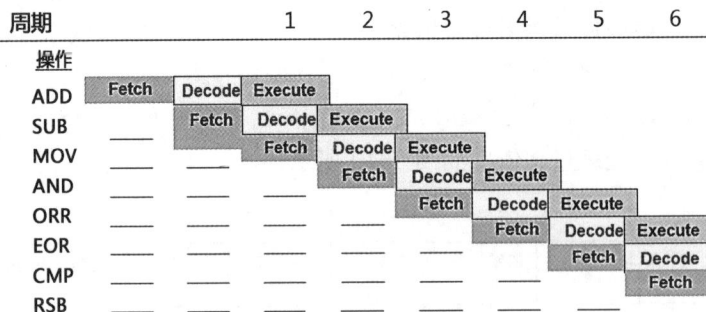

图 3-13　最佳流水线

该例中用 6 个时钟周期执行了 6 条指令,所有的操作都在寄存器中(单周期执行),处理器执行一条指令所需的平均时钟周期数(CPI)= 1。

## 3.1.3　处理器主要评价指标

主观上,我们往往希望处理器的(处理)速度快、(存储器)容量大、电池耐用、价格便宜,这里就会存在几个互相矛盾的要求:

$$速度快 \approx 功耗大 \approx 耗电;容量大 \approx 价格高$$

从系统角度,速度快意味着处理器运算速度快,同时处理器访问存储器的速度也要快;而提高处理器的工作频率,也就是提高处理速度,在其他指标不变的情况下,往往意味着功耗增加。

处理器的性能指标/参数有处理器的主频、执行每条指令所需的平均周期 CPI（Clock cycle Per Instruction）、每秒执行的指令条数 IPS（Instruction Per Second）等。

$$一个程序的 CPU 执行时间 = 一个程序使用的 CPU 周期数 \times CPU 的时钟周期$$
$$= 一个程序使用的 CPU 周期数 / CPU 的时钟频率$$

用 CPI 表示单一指令的 CPU 执行时间：执行每条指令所需的平均周期 CPI（Clock cycle Per Instruction）。减少程序的 CPU 周期数或提高 CPU 的时钟频率，都会减少一个程序的 CPU 执行时间。

$$CPU 时钟周期数 = 程序的指令数 \times CPI$$

$$一个程序的 CPU 执行时间 = 程序的指令数 \times CPI \times CPU 的时钟周期$$
$$= 程序的指令数 \times CPI / CPU 的时钟频率$$

处理器其他的性能参数还有功耗，和耗电、发热等有关，还与制作工艺和工作电压密切相关。

【例 1】 使用一个 2 GHz（时钟频率、主频）的处理器来运行一个程序需要 10 s。现在想将运行程序所需要的时间压缩到 6 s，设计者想单纯地提高处理器时钟频率来实现这个目的；但是提高频率可能会使得运行该程序所需要的 CPU 时钟周期数变成原来的 1.2 倍。CPU 时钟频率要提高到多少，可以实现目的（10 s 压缩到 6 s）？

$$一个程序使用的 CPU 周期数 = 一个程序的 CPU 执行时间 \times CPU 的时钟频率$$
$$= 10 \times 2 \times 10^9 = 20 \times 10^9$$

$$CPU 的时钟频率 = 一个程序使用的 CPU 周期数 / 一个程序的 CPU 执行时间$$

当运行时间需要压缩到 6 s 时，即 CPU 执行时间为 6 s，根据题意 CPU 的周期数为原来的 1.2 倍，则：

$$CPU 的时钟频率 = 20 \times 10^9 \times 1.2 / 6 = 4 \times 10^9 = 4 \text{ GHz}$$

【例 2】 假设程序中使用到三类指令，用 A、B 和 C 类表示，每类型指令的 CPI 分别为 1、2 和 3。评价以下两种程序的性能情况。

① 一个程序中，使用的 A 类指令为 2 条，B 类指令为 1 条，C 类指令为 2 条，则执行该程序所需要的 CPU 周期数为：

$$(2 \times 1) + (1 \times 2) + (2 \times 3) = 2 + 2 + 6 = 10$$

② 另一个程序中，使用的 A 类指令为 4 条，B 类指令为 1 条，C 类指令为 1 条，则执行该程序所需要的 CPU 周期数为：

$$(4 \times 1) + (1 \times 2) + (1 \times 3) = 4 + 2 + 3 = 9$$

结论：在第②种情况下执行程序所需要的 CPU 周期数更少。

对于第①种情况下的 CPI = 10/5 = 2，对于第②种情况下的 CPI = 9/6 = 1.5。

## 3.2　指令集

### 3.2.1　基本概念

指令系统就是指挥硬件工作的命令,是软硬件的对话层(图 3-14)。

**1)指令**

计算机指令就是指挥机器工作的指示和命令;程序就是一系列按一定顺序排列的指令。

**2)指令集**

指令集就是 CPU 中用来计算和控制计算机系统的一套指令的集合。

| 应用软件 | 应用层 | 软 |
| 操作系统、编译器、虚拟机 | 基础层 | 件 |
| 指令系统 | | |
| 微体系结构 | 逻辑层 | 硬 |
| 电路与器件 | 物理层 | 件 |

图 3-14　指令系统的概念图

**3)指令集架构(ISA)**

指令集架构(Instruction Set Architecture,ISA)是计算机的抽象模型,是计算机体系结构中关于指令集及其编码、寻址模式、寄存器结构等规范的总和。它规定了计算机硬件如何响应软件指令,是硬件与软件之间的桥梁。一个指令集架构通常包括以下几个核心要素:指令集、寄存器、寻址模式、中断与异常处理等。

常见的指令集架构有:

① 复杂指令集运算(Complex Instruction Set Computing,CISC);

② 精简指令集运算(Reduced Instruction Set Computing,RISC);

③ 显式并行指令集运算(Explicitly Parallel Instruction Computing,EPIC):Intel 的 IA-64 架构的 Itanium/Itanium 2;

④ 超长指令字指令集运算(Very Long Instruction Word,VLIW):Trimedia(全美达)公司的 Crusoe 和 Efficeon 系列处理器、AMD 最新的 Athlon 64 处理器系列。

**4)指令通道**

指令执行过程中,指令数据流经过的部件和路径名称,实现数据的传送、处理和存储等功能,是指令的执行部件。

一条指令的处理步骤一般包括取指(Instruction Fetch,IF)、译码(Instruction Decode,ID)、执行(Execute,EX)、访存取数(Memory Access and Data Fetching)、结果写回(Write Back,WB)等。

这些步骤的操作,在具体实现时会有所合并或进一步拆分,和指令通道执行部件也有关。

**5)指令功能分类**

不同的计算机体系结构和指令集架构可能会有所不同,但通常可以分为以下几种类型。

① 数据传输指令:用于在寄存器之间或者内存和寄存器之间传输数据。这些指令用于加载数据到寄存器、将数据从寄存器保存到内存,或在寄存器之间进行数据传递。

② 算术指令:这些指令用于执行各种算术运算,如加法、减法、乘法、除法等。

③ 逻辑指令:执行逻辑运算的指令,如与、或、非、异或等。

④ 分支指令:用于根据条件测试或无条件跳转执行指令。

⑤ 转移指令:用于实现子程序或中断服务程序的转移。

⑥ 特权指令:执行特殊的系统级操作,如改变特权级别、设置中断使能等操作。

## 3.2.2 CISC 和 RISC

CISC(Complex Instruction Set Computer)和 RISC(Reduced Instruction Set Computer)是两种不同的计算机指令集架构。

(1) CISC

CISC(复杂指令集计算机)是一种主流的处理器架构,其设计目标是提供丰富、复杂的指令集,以便执行更多的功能。CISC 处理器的指令集中包含各种复杂的操作,如多种寻址模式、可变长度的指令、内置高级功能等。CISC 处理器倾向于使用较少的指令来完成复杂的任务,这样可以在单条指令中执行更多的操作。它通过增加专用的硬件逻辑完成专门的运算,提高运算能力,典型的 CISC 架构有 Intel 的 x86 系列处理器。

CISC 的优点是为了实现某一复杂的功能,CPU 设计师需要设计专用的硬件,再集成到 CPU 中,而软件工程师只需要一条专用指令即可实现该复杂功能。其弊端是 CPU 架构复杂,指令集庞大。具体来说,有如下几个原生问题:

① 指令数目庞大,难以使用编译器优化;而没有优秀的编译器,不得不使用汇编语言设计程序,又会造成强大的汇编/指令。

② 寄存器使用少,指令直接访问主存储器,而片上存储单元贵,一般不能做很大,使得主存访问频繁/存储速度低,导致处理器性能难以提高。

③ 指令复杂,指令执行周期不一定,难以使用流水线提高性能。

(2) RISC

RISC(精简指令集计算机)是另一种计算机处理器架构,旨在通过简化指令集和优化硬件结构来提高执行效率和性能。RISC 采用更简化的指令集,并且每条指令执行时间相对均匀。RISC 处理器的设计目标是提高指令执行的速度和效率。RISC 处理器通常有更多的通用寄存器,鼓励使用寄存器之间的数据操作,减少对内存的访问。RISC 处理器还倾向于使用流水线技术以并行执行指令,从而提高执行效率。MIPS、ARM 等都是 RISC 架构的典型代表。

计算机的性能可以用完成一特定任务所需的时间来衡量,用 $C \times T \times I$ 表示,其中 $C$ 为完成每条指令所需的周期数,$T$ 为每个周期时间,$I$ 为每个任务的指令数。RISC 技术就是使 $C$ 和 $T$ 减至最小,通过提高指令执行的效率,提高运算效率。

因此,RISC 也是一种设计思想,其目标是设计出一套能够在高时钟频率下单周期执行,

简单而有效的指令集,其主要内容是:

减少指令的复杂性,将指令功能抽象并简化,使每个指令功能单一,大部分指令可以在一个周期内执行;采用流水线(Pipe Line)设计,固定指令长度,并将指令处理过程拆分为几个更小的通用单元;设计更多的通用寄存器,处理器除了 Load 和 Store 指令外其他指令的操作数只能是 CPU 内部的通用寄存器,即 Load-Store 结构。

RISC 的设计重点在于降低由硬件执行的指令的复杂度,这是因为软件比硬件容易提供更大的灵活性。因此 RISC 对编译器的要求比传统的 CISC 的要求更高。事实上,随着技术的不断发展,CISC 和 RISC 架构之间的差异逐渐模糊,现代处理器往往采用混合架构或者利用微代码转换等技术来融合两种架构的优势,从而更好地满足不同应用场合的需求。

CISC 和 RISC 的几个主要项目对比如表 3-2 所示。

表 3-2　CISC 和 RISC 的几个主要项目对比表

| 对比项 | CISC | RISC |
| --- | --- | --- |
| 指令系统 | 复杂(大于 300 条)<br>大量的混杂型指令集,有简单快速的指令,也有复杂的多周期指令,符合 HLL(High Level Language) | 精简(小于 128 条)<br>简单的单周期指令,在汇编指令方面有相应的 CISC 微代码指令 |
| 性能 | 减少代码尺寸,增加指令的执行周期数 | 使用流水线降低指令的执行周期数,增加代码尺寸 |
| 高级语言支持 | 通过硬件支持部分高级语言特性 | 通过编译器软件支持高级语言特性 |
| 控制单元 | 微程序控制技术(微码) | 直接执行 |
| 指令长度 | 长度不固定,可变 | 16 位或 32 位 |
| 寻址方式 | 复杂的寻址模式,支持内存到内存寻址 | 简单的寻址模式,仅允许 Load 和 Store 指令存取内存,其他所有的操作都基于寄存器到寄存器 |
| 存储器访问 | 指令多,不加限制 | 只有 Load 和 Store 指令 |
| 寄存器数目 | 寄存器较少 | 寄存器较多 |
| 价格 | 由硬件完成部分软件功能,硬件复杂性增加,芯片成本高 | 由软件完成部分硬件功能,软件复杂性增加,芯片成本低 |
| 应用 | x86 架构的个人计算机和服务器 | 嵌入式系统 |

## 3.2.3　几种主流处理器

目前主流的嵌入式处理器有 x86 系列、PowerPC 系列、MIPS 系列、ARM 系列、RISC-V 系列等。这里的系列是指不同的指令集体系架构。

x86 是由英特尔(Intel)提出的指令集架构,最初是为个人计算机设计的,其指令集架构为复杂指令集计算机(CISC)。x86 泛指一系列基于 Intel 8086 且向后兼容的中央处理器指令集架构。Intel 早期以 80x86 这样的数字为处理器命名,Intel 8086、80186、80286、80386 以及 80486,都是以"86"作为结尾。

x86 在个人计算机和服务器市场中占据主导地位,支持广泛的应用软件和操作系统。典型的产品有 Intel x86 系列处理器、Intel Pentium 奔腾系列处理器、Intel Core 酷睿系列处理器和 AMD 的 Ryzen 锐龙系列处理器。

PowerPC(Performance Optimization With Enhanced RISC-Performance Computing)是一种精简指令集(RISC)架构的中央处理器,它最初由 IBM、摩托罗拉和苹果公司共同开发。PowerPC 处理器最初在苹果电脑上广泛使用。目前支持 PowerPC 架构的厂商有 IBM、NXP 和 Xilinx 等。IBM 作为 PowerPC 架构的共同创始成员之一,一直在支持和推动 PowerPC 架构的发展,并且生产各种基于 PowerPC 架构的处理器,用于服务器、嵌入式系统和其他应用领域。NXP 半导体(原飞思卡尔半导体)致力于开发和生产基于 PowerPC 架构的处理器和微控制器,主要应用于汽车电子、工业控制和通信领域。

内部无互锁流水级微处理器(Microprocessor without Interlocked Pipeline Stages, MIPS)在 20 世纪 80 年代初由斯坦福大学 John Hennery 教授领导的研究小组研制。开发者们于 1984 年成立了 MIPS 公司,1986 年到 1997 年先后出产了 6 个 R 系列的微处理器,是基于 MIPS 成功研发的工业级微处理器产品系列,其中的 R4000 是世界上第一款 64 位商用微处理器。

MIPS 的设计思想是尽量利用软件办法避免流水线的数据相关问题,其指令系统有两种类型,一种是通用处理器指令体系,包括 MIPS Ⅰ、MIPS Ⅱ、MIPS Ⅲ、MIPS Ⅳ、MIPS Ⅴ 等;另一种是嵌入式指令体系,包括 MIPS16、MIPS32、MIPS64。1999 年 MIPS32 和 MIPS64 架构标准发布,为后来 MIPS 处理器的开发奠定了基础。

2013 年,MIPS 公司被英国半导体公司 Imagination Technologies 收购。MIPS 架构的授权和发展工作自此以后一直由 Imagination Technologies 继续推动。后来,MIPS 架构的授权改由 Wave Computing 公司持有,目前 MIPS 架构的授权业务由 Wave Computing 继续发展。龙芯 1B 的指令集是基于 MIPS 的。

ARM 即 Advanced RISC Machines,是一种精简指令集计算机(RISC)架构。ARM 公司是设计公司,是知识产权(Intellectual Property, IP)供应商,通过转让设计许可由合作伙伴来生产各具特色的芯片。其中 ARM 32 位处理器是 32 位嵌入式 RISC 微处理器结构,其市场占有率大约为 75%。ARM 32 位处理器引入新颖的被称为"Thumb"的压缩指令格式,支持 16/32 位双指令集。ARM:32 位,执行字对准的 ARM 指令;Thumb:16 位,执行半字对准的 Thumb 指令。

ARM 处理器因其低功耗和高性能而备受青睐,并被广泛应用于智能手机、平板电脑等移动设备,以及一些低功耗服务器和物联网设备。典型的处理器是 STM32 系列。

RISC-V(发音为 risk-five)是一个基于精简指令集(RISC)原则的开源指令集架构

（ISA）。其开发始于 2010 年加州大学伯克利分校，但许多贡献者是该大学以外的志愿者和行业工作者。截至 2017 年 5 月，RISC-V 已经确立了 2.22 版本的用户空间的指令集（User space ISA），而特权指令集（Privileged ISA）也处在草案版本 1.10。

RISC-V 指令集的设计考虑了小型、快速、低功耗的现实情况，但并没有对特定的微架构做过度的设计。

2022 年 6 月 21 日，RISC-V 国际组织宣布了 2022 年对 RISC-V 首批四项规格和扩展的批准：

① RISC-V 高效跟踪（E-Trace）；

② RISC-V 主管二进制接口（SBI）；

③ RISC-V 统一可扩展固件接口（UEFI）规格；

④ RISC-V Zmmul 纯乘法扩展。

几种主流处理器的对比如表 3-3 所示。

表 3-3　几种主流处理器的对比表

| 指令集架构 | CPU/ISA | 推出公司 | 时间 | 主要授权厂商 |
|---|---|---|---|---|
| CISC | x86 系列<br>（IA-32 架构） | Intel，AMD | 1978 年 | 海光，兆芯 |
| RISC | PowerPC | Apple/IBM/<br>Motorola | 1991 年 | 苹果，IBM |
| | MIPS | MIPS | 1980s 年 | 龙芯，炬力 |
| | ARM | ARM | 1985 年 | 苹果，三星，英伟达，高通，海思，TI 等 |
| | RISC-V | 加州大学伯克利分校的<br>David A. Patterson 教授 | 2010 年 | 开源 |
| | PA-RISC | HP<br>被惠普公司与英特尔联合开发<br>的 Itanium 指令集架构取代 | 1986 年 | 惠普 |
| | SPARC | SUN | 1987 年 | 在被 Oracle 收购<br>前开源 |

## 3.3　龙芯 1B 处理器核

在《龙芯 1B 处理器用户手册》中，往往会有这样一张表来说明处理器核的主要特性（表 3-4）。

表 3-4　处理器核的主要特性表

| 主频 | 200~256 MHz |
| --- | --- |
| 内核 | 单核,32 位 |
| 功耗 | 0.5 W |
| 一级指令缓存 | 8 kB |
| 一级数据缓存 | 8 kB |
| 内存控制器 | 32/16 位 DDR2 |
| I/O 接口 | USB2. 0/1. 1×1、GMAC×2、I$^2$C×3、CAN×2、SPI×2、NAND、UART×12、RTC、PWM×4、GPIO×62 |

　　龙芯 1B 的处理器核是 GS232,工作频率为 200~256 MHz,具有 32 位数据位宽的处理能力,功耗是 0.5 W,具有 8 kB 的 I-Cache 和 8 kB 的 D-Cache,集成了 32/16 位的 DDR2 内存控制器和 USB 等外设接口。

　　主频指的是处理器的时钟频率范围。时钟频率是处理器内部执行指令的速度,主频 200~256 MHz 表示处理器内部的时钟每秒钟振荡 200 百万次到 256 百万次。如果每条指令需要 1.5 个时钟周期来处理,则处理器的处理能力是 133 MIPS 到 171 MIPS。

　　处理器功耗 0.5 W 通常指的是静态功耗,这是处理器在静止状态下消耗的能量,主要是由于晶体管的漏电流导致的,是在设计阶段评估和规定的一个参数。除了静态功耗外还有动态功耗,它是在处理器执行指令的过程中所产生的,一般来说,动态功耗随着频率的提高而增加。动态功耗一般也会随着处理器的活动而变化,而静态功耗是相对稳定的。

　　一级指令缓存和数据缓存均有 8 kB,在最接近计算单元和控制单元的一级缓存采用的是数据和指令分离的设计,即哈佛结构。

　　集成 32 位 DDR2 内存控制器指的是在处理器芯片内部集成了一个用于控制 DDR2 类型内存的控制器。这意味着处理器能够直接与 DDR2 内存通信,而无需外部的额外控制器芯片。

　　集成外设接口,则进一步说明龙芯 1B 处理器是一个片上系统 SoC。

### 3.3.1　GS232

　　GS232 处理器核是一款实现 MIPS32 兼容且支持 EJTAG(Extend JTAG)调试的双发射处理器,支持双发射五级流水,通过采用转移预测、寄存器重命名、乱序发射、分支预测的指令高速缓存、非阻塞的数据高速缓存、写合并等技术来提高流水线的效率。其功能结构图如图 3-15 所示。

　　GS232 有两个定点 ALU 部件。在存储管理单元中,有 32 项 JTLB,4 项 ITLB、8 项 DTLB。在加载保存单元中,有 4 项 load 队列、2 项 store 队列、3 项 miss 队列。

　　算术逻辑单元 ALU 的输入是操作码和操作数,ALU 的输出是执行操作的结果。操作码决定了 ALU 当前执行的功能,操作码的位宽决定了 ALU 可以执行的算术和逻辑功能。

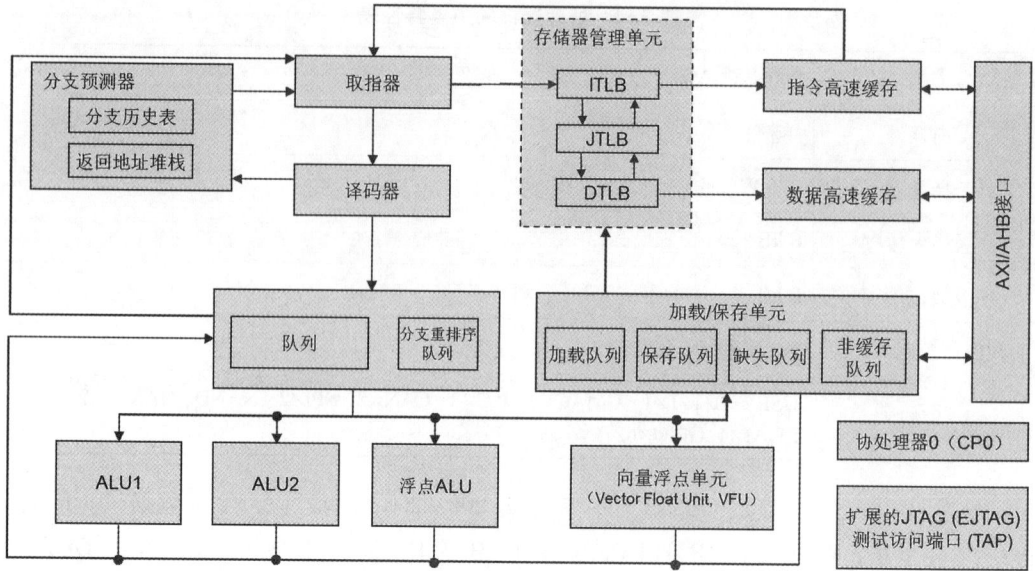

图 3-15  GS232 功能结构图

当操作码的位宽为 4 位时,ALU 最多可以编码 16 种不同的指令;当操作码的位宽为 5 位时,ALU 最多可以编码 32 种不同的指令。操作码的位数越多,ALU 可以实现的运算功能就越多。GS232 的操作码位宽是 6。

### 3.3.2  双发射五级流水

GS232 核实现了双发射五级流水,并实现了乱序发射、乱序执行等提高流水线效率的技术。

五级流水分为:取指令(IF)、译码(ID)、执行(EX)、访存(MEM)、写回(WB)。

(1) IF:从指令存储器中取出指令,同时确定下一条指令地址(指针指向下一条指令)。

(2) ID:翻译指令,让计算机知道这条指令是要干什么的,同时让计算机得出要使用的寄存器,或者让立即数进行拓展(方便后续指令执行),或者(转移指令)给出转移目的寄存器与转移条件。

(3) EX:执行指令,此阶段按照指令给的内容进行执行。

(4) MEM:若为 load/store 指令,这个阶段就要访问存储器。此外,指令从 EX 向下执行到 WB 阶段。另外,在这个阶段还要判定是否有异常要处理,如果有,那么就清除流水线,然后转移到异常处理例程入口地址处继续执行。

(5) WB:将运算结果保存到目标寄存器或内存。

五级流水的原理如图 3-16 所示。

发射阶段通常是指将已经解码和准备好的指令发送到执行单元(Execution Unit)以供执行的阶段。双发射是指处理器在每个时钟周期内可同时发射两条指令进行执行的能力。它增强了处理器的并行处理能力。实现双发射需要处理器具有两个发射点,即可以在一个时钟周期内检查、发射(即发送至执行阶段)指令的位置或通路,需要处理器能够处理来自

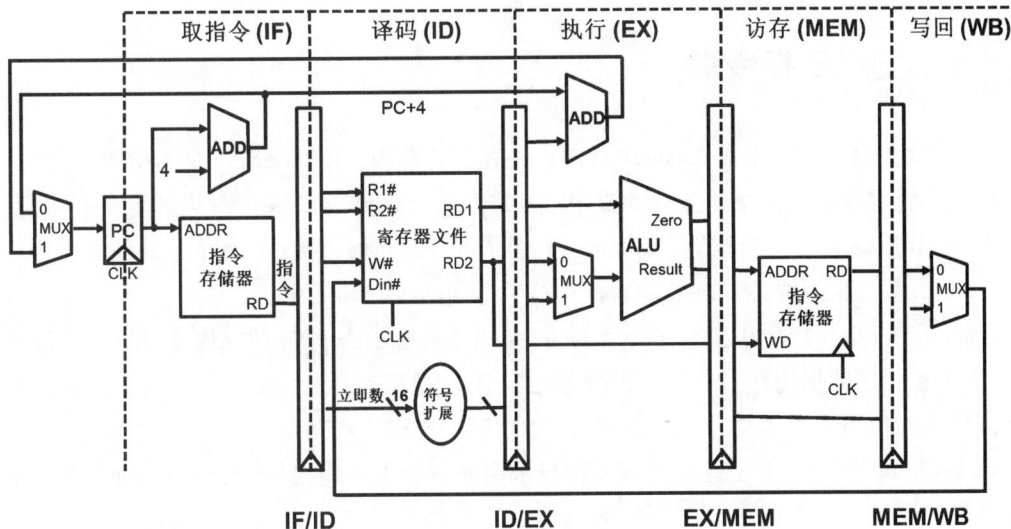

图 3-16　五级流水原理图

不同功能单元(例如整数 ALU、浮点单元等)的指令,还需要处理器能够有能力在每个时钟周期处理两条指令。这些需求都是超标量(Superscalar)处理器的特性之一。也就是说,龙芯 1B 的处理器核是一个超标量的处理器。

超标量处理器是一种允许每个时钟周期内发射和执行多条指令的 CPU 设计。它具有多个执行单元,因此可以并行执行不同的指令。超标量技术着重于增加处理器的指令发射和执行宽度,是乱序发射、乱序执行等流水线技术的基础。

乱序发射是一个处理器在确定指令能否被发射时,不严格按照它们在程序中的顺序执行的过程。处理器在准备发射指令时,如果一条指令因等待某些数据或资源而被阻塞,处理器可以跳过该条指令,而发射后续的、不依赖于被阻塞资源的指令。

乱序执行是一种让 CPU 在保持指令结果最终顺序正确的前提下,不按照程序顺序执行指令的技术。就是程序里面的代码的执行顺序,有可能会被编译器或 CPU 根据某种策略调整。如果指令之间没有依赖关系,后一条指令不需要等到这条指令完全执行完成后再开始执行,在该条指令完成取指之后,后一条指令便可以开始执行取指操作。例如,一条指令正在执行,而后一条指令依赖该条指令的运行结果,则必须等待该条指令执行结束才能开始执行后一条指令;这时可以把没有依赖关系的再后面的指令"乱序"到前面执行,这样就可以提高流水线的效率(并行度)。乱序执行需要复杂的硬件支持,比如指令窗口(Instruction Window)、重排缓冲区(Reorder Buffer)、寄存器重命名(Register Renaming)等,以跟踪和缓冲指令的执行状态,确保最终顺序的正确。

无论双发射、乱序发射还是乱序执行,超标量处理器是基础,超标量架构创建了并行处理多条指令的可能性,是实现乱序执行和发射技术的前提。双发射和乱序发射是超标量的两个角度,双发射是指一次可以发射两条指令,乱序发射是指不按先后顺序发射。乱序发射通常与乱序执行结合,可以更有效地提高流水线的效率。

## 3.4　龙芯 1B 指令集

龙芯 1B 处理器采用的是 LoongISA V1.0 指令集架构。LoongISA（龙芯指令集架构）是中国龙芯处理器使用的指令集体系结构，为龙芯系列处理器提供指令集的定义和规范。它是基于 MIPS32 指令集架构的变体，充分利用了 MIPS 架构的优势，为龙芯处理器系列提供指令集规范，并根据龙芯处理器的特性进行了适当的定制和优化。

LoongISA V1.0 指令集包括了一系列指令，用于处理器执行各种操作和计算。一般来说，指令集包括了数据操作指令（如加法、移位操作）、逻辑操作指令（如与、或、非操作）、内存访问指令（如加载、保存指令）、控制指令（如跳转、分支指令）等。

由于 LoongISA V1.0 是龙芯处理器较早采用的指令集架构，具体的指令集细节可以通过龙芯处理器的官方文档或技术资料来获取。这些细节信息包括指令的操作码、格式、功能等，对于深入了解龙芯 1B 处理器的指令集非常重要。

MIPS 指令集架构的发展如图 3-17 所示。

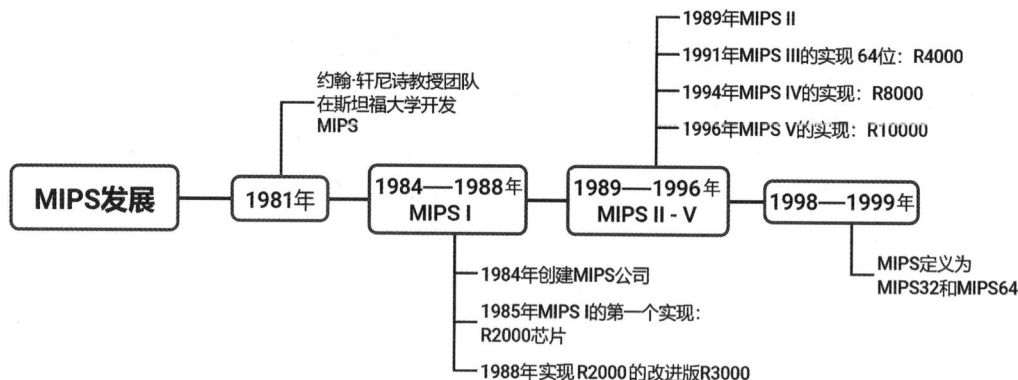

图 3-17　MIPS 指令集架构的发展图

MIPS 架构的设计理念是：硬件尽量简单，辅以软件实现。

### 3.4.1　MIPS32/64

1998 年，从 Silicon Graphics 公司分拆出来的 MIPS Technologies Inc. 公司制定的标准第一次纳入了 CPU 控制的功能，由协处理器 CP0 实现，定义为 MIPS32 架构和 MIPS64 架构。MIPS32 是 MIPS-Ⅱ的超集，MIPS64 是 MIPS-Ⅳ的超集（以可选的方式还包含了 MIPS-Ⅴ 的大部分）。MIPS32 架构和 MIPS64 架构无缝兼容。简单起见，将 MIPS32 和 MIPS64 架构规范缩写为 MIPS32/64。大多数生产 MIPS 架构 CPU 的公司，1999 年之后设计的 MIPS 架构 CPU 都尽量兼容 MIPS32/64 规范。到目前为止，MIPS32/64 规范已经发布到了第 6 版。

也就是说，在 MIPS32/64 规范之前的 MIPS 架构只是规定了软件使用的指令和资源，并没有定义操作系统所需要的 CPU 控制机制，对 CPU 控制单元的硬件实现不做约束，由芯片制造商自己实现。

MIPS32/64 规范主要包括:

① 指令集架构(Instruction Set Architecture，ISA)，定义指令的长度、格式、类型等。

② 特权资源架构(Privileged Resource Architecture，PRA)，定义模式和资源访问权限等。

③ 特定应用扩展(Application Specific Extensions，ASEs)，提升特定类型应用的性能，例如 SmartMIPS 可在智能卡及其他安全数据应用中实现安全性，DSP 可以扩展信号处理功能，提升芯片的多媒体性能。ASE 可以通过配置寄存器进行选择。

龙芯 1B 的 GS232 核实现了 ISA、PRA，以及 DSP ASE。

下面将用 MIPS32 代表 MIPS32/64。

**1) 寄存器**

MIPS32 体系结构定义了两类寄存器，通用寄存器 GPR (General-Purpose Registers) 和特殊寄存器。通用寄存器有 32 个(r0~r31)，都是 32 位位宽；特殊寄存器有 3 个，分别是 PC (程序计数器，Program Counter)、HI(乘除结果高位寄存器)、LO(乘除结果低位寄存器)。在乘法运算时，HI 和 LO 分别保存乘法结果的高 32 位和低 32 位；而在除法运算时，HI 保存余数，LO 保存商。32 个通用寄存器如表 3-5 所示。

表 3-5　32 个通用寄存器功能列表

| 序号 | 寄存器名称 | 作用 |
|---|---|---|
| $0 | $zero | 常量 0(constant value 0) |
| $1 | $at | 保留给汇编器(reserved for assembler) |
| $2~$3 | $v0~$v1 | 函数调用返回值(values for results and expression evaluation) |
| $4~$7 | $a0~$a3 | 函数调用参数(arguments) |
| $8~$15 | $t0~$t7 | 暂时的(或随便用的) |
| $16~$23 | $s0~$s7 | 保存的(或如果用，需要 save/restore 的)(saved) |
| $24~$25 | $t8~$t9 | 暂时的(或随便用的) |
| $28 | $gp | 全局指针(global pointer) |
| $29 | $sp | 栈指针(stack pointer) |
| $30 | $fp | 帧指针(frame pointer) |
| $31 | $ra | 返回地址(return address) |

MIPS32 体系结构中还有协处理器 CP0。CP0 是 MIPS32 体系结构的芯片必须实现的逻辑，它辅助微处理器核完成 MMU(Memory Management Unit，存储管理部件)、异常响应及处理、中断允许与屏蔽、计数/定时器等功能，以及控制微处理器核的状态改变并报告微处理器核的当前状态。CP0 协处理器内部包含 32 个独立于通用寄存器的专用寄存器，以及

定义了专用的 CP0 指令 MFC0 和 MTC0 访问这些寄存器。CP0 的 32 个寄存器如表 3-6 所示。

表 3-6  协处理器的 32 个寄存器功能表

| 序号 | 寄存器名称 | 作用 |
|---|---|---|
| 0 | Index | 指定需要读/写的 TLB（Translation Lookaside Buffer，转译后备缓冲器）表项，作为 MMU 的索引 |
| 1 | Random | TLB 替换的伪随机计数器 |
| 2 | EntryLo0 | TLB 表项低半部分中对应于偶虚页的内容（主要是物理页号） |
| 3 | EntryLo1 | TLB 表项低半部分中对应于奇虚页的内容（主要是物理页号） |
| 4 | Context | 32 位寻址模式下指向内核的虚拟页转换表 |
| 5 | Page Mask | 设置 TLB 页大小的掩码值，用于 MMU 中分配内存页大小 |
| 6 | Wired | 固定连线的 TLB 表项数目 |
| 7 | HWREna | 读硬件寄存器时用到的掩码位 |
| 8 | BadVaddr | 错误的虚地址 |
| 9 | Count | 计数器，其计数频率是系统主频的 1/2 |
| 10 | EntryHi | TLB 表项高半部分内容[虚页号和 ASID（Adress Space ID，地址空间 ID）] |
| 11 | Compare | 计数器比较。当 Compare 的值和 Count 的值相等时，会触发一个硬件中断 |
| 12 | Status（select0） | 状态控制寄存器 |
| | IntCtl（select1） | 控制扩展的中断功能 |
| 13 | Cause | 最近一次发生例外（或称异常）的原因 |
| 14 | EPC | 异常程序计数器，用于保存例外发生时的系统正在执行的指令地址 |
| 15 | PRID | 保存微处理器的版本信息，该寄存器只读，不能写入 |
| 16 | Config | 配置寄存器 |
| 17 | LLAddr | 链接读内存地址 |
| 18 | WatchLo | 断点地址寄存器 |
| 19 | WatchHi | 断点地址寄存器 |
| 20~22 | — | 保留 |
| 23 | Debug | 调试地址寄存器 |

（续表）

| 序号 | 寄存器名称 | 作用 |
|---|---|---|
| 24 | DEPC | EJTAG debug 异常程序计数器 |
| 25 | Per_Counter | 性能计数器 |
| 26~27 | — | 保留 |
| 28 | TagLo | 用于 Cache 管理 |
| 29 | TagHi | 用于 Cache 管理 |
| 30 | ErrorEPC | 错误异常程序计数器 |
| 31 | DESAVE | EJTAG debug 异常保存寄存器 |

**2）PRA**

MIPS32 特权资源架构（Privileged Resource Architecture，PRA）有两种工作模式——用户模式和内核模式。龙芯 1B 中还支持一种扩展工作模式——管理模式（Supervisor Mode）/监管模式，和一种扩展 JTAG 调试模式（EJTAG Debug Mode），如表 3-7 所示。工作模式由协处理器的状态寄存器决定。

用户模式、内核模式和管理模式三种模式的访问权限为：内核模式>管理模式>用户模式。

表 3-7　MIPS32 的工作模式描述表

| 模式 | 描述 | | |
|---|---|---|---|
| 用户模式 | 可以访问由 ISA 提供的 CPU 和浮点处理单元（Float Point Unit，FPU）寄存器以及用户内存空间（名为 Useg 的 2G 空间） | 非特权模式：可以访问专用的堆栈和寄存器堆的一个子集 | |
| 内核模式 | 最高权限的运行模式。可以访问处理器的全部功能和全部内存空间 | 内核特权模式 | 特权模式 |
| 管理模式/监管模式（Supervisor Mode） | 管理模式是为分层结构的操作系统设计的。在分层结构的操作系统中，操作系统内核运行在内核模式下，操作系统的其余部分运行在管理模式下。又称为超级用户模式 | 用户特权模式 | |
| 扩展 JTAG 调试模式（EJTAG Debug Mode） | 处理器在调试模式下可以访问内核模式操作可用的所有资源。部分段内的划分略不同 | 调试特权模式 | |

状态寄存器的 32 位定义如表 3-8 所示。

表 3-8　Status 状态寄存器 32 位定义表

| 3 1 | | 2 8 | 2 7 | 2 6 | 2 5 | 2 4 | | 1 6 | 1 5 | | 8 | 7 | 6 | 5 | 4 | 3 | 2 | 1 | 0 |
|---|---|---|---|---|---|---|---|---|---|---|---|---|---|---|---|---|---|---|---|
| cu0-3 | | | R P | F R | R E | | Diag Status | | | IM7 – IM0 | | | K X | S X | U X | KSU | | E R L | E X L | I E |

KSU：模式位 00-kernel，01-supervisor，10-user；

ERL：error level，0->normal，1->error；

EXL：exception level，0-normal，1->exception，异常发生时 EXL 自动置1。

系统所处的模式由 KSU、ERL、EXL 决定：

User mode：KSU = 10 && EXL=0 && ERL=0；

Supervisor mode(never used)：KSU=01 && EXL=0 && ERL=0；

Kernel mode：KSU=00 ‖ EXL=1 ‖ ERL=1。

**3) ISA**

一条指令(机器指令)是操作码和操作数/地址码的组合。可执行文件就是若干指令的有机集合。操作码指明该指令要完成的操作的类型或性质，如取数、做加法或输出数据等；地址码指明操作对象的内容或所在的存储单元地址。

所有 MIPS32 的指令长度都是 32 位(RISC 指令长度通常为 4 个字节，即 32 位)。最高有效位(Most Significant Bit, MSB)往下数 6 位为操作码(Opcode)，操作码后的其余 26 位根据指令类型而不同。指令类型有 3 类：R 型、I 型、J 型。

R 型(Register type)指令包含 3 个寄存器操作数、2 个类型码，如表 3-9 所示。

表 3-9　R 型指令格式

| 31~26(6 位) | 25~21(5 位) | 20~16(5 位) | 15~11(5 位) | 10~6(5 位) | 5~0(6 位) |
|---|---|---|---|---|---|
| 操作码 Opcode | 源寄存器 rs | 源寄存器 rt | 目的寄存器 rd | 移位码 Shmt | 功能码 Funct |

I 型(Immediate type)指令包含 2 个寄存器操作数、1 个立即数，如表 3-10 所示。

表 3-10　I 型指令格式

| 31~26(6 位) | 25~21(5 位) | 20~16(5 位) | 15~0(16 位) |
|---|---|---|---|
| 操作码 Opcode | 源寄存器 rs | 目的寄存器 rt | 源立即操作数 imm |

J 型(Jump type)指令包含 1 个 26 位地址操作数，如表 3-11 所示。

表 3-11　J 型指令格式

| 31~26(6 位) | 25~0(26 位) |
|---|---|
| 操作码 Opcode | 地址操作数 addr |

例:<u>001000</u>0000100010000000010101011110,指令格式见表3-12。

表 3-12　示例指令格式

| 31~26(6位) | 25~21(5位) | 20~16(5位) | 15~0(16位) |
|---|---|---|---|
| 操作码 Opcode | 源寄存器 rs | 目的寄存器 rt | 源立即操作数 imm |
| 001000<br>I 型 ADD 指令 | 00001<br>寄存器 \$ 1 | 00010<br>寄存器 \$ 2 | 0000000101011110<br>操作数 15e |

语法:ADDI rt, rs, imm

汇编:ADDI \$ 2, \$ 1, 15e

机器码:2022019E

指令中的操作数通常来源于中央处理单元内的寄存器、与中央处理器单元打交道的存储器、指令的操作数部分。CPU 从指令、寄存器和存储器中找到操作对象/操作数的过程就是寻址。龙芯 1B 的寻址方式有:

① 立即数寻址,操作数直接编码在指令中。

② 寄存器寻址,操作数存储在寄存器中,指令包含寄存器编号,可以用来进行快速的寄存器操作。

③ 偏移量寻址,是一种常见的寻址方式,通常用于数据结构(如数组、结构体等)和内存的访问。偏移量寻址的基本思想是通过将一个基地址与一个偏移量相加来计算有效地址,常见的有基地址寻址、相对寻址和变址寻址。

基地址寻址,是将一个存放在寄存器中基地址与一个偏移量相加得到地址,通常用于数组元素或结构体成员的访问。

相对寻址,是一种将当前程序计数器(PC)的值与一个偏移量相加来计算有效地址的方式,通常用于短距离跳转(如分支)指令。

变址寻址,是一种特殊的偏移量寻址方式,其中偏移量是索引寄存器(变址寄存器)的内容,它常用于数组访问。

④ 伪直接寻址,将指令中的地址字段与当前程序计数器(PC)的高位部分结合得出一个完整的 32 位地址,主要用于跳转指令。

那么操作码从哪里来?

可执行程序经过编译后生成的可执行文件就是指令的集和,一条条指令中就包含有操作码信息。

## 3.4.2　加载和保存

MIPS 是一种加载/保存架构,也称寄存器-寄存器架构。寄存器-寄存器型指令系统中的运算指令的操作数只能来自寄存器,不能来自存储器。而对于存储器的访问是通过 Store 指令来完成,但是要先把操作数加载(Load)到寄存器中,计算后的结果才能从寄存器保存到存储器,因此寄存器-寄存器型指令系统又被称为 Load-Store 型。

举个例子：执行 C=A+B，其中 A、B、C 为不同的内存地址，R1、R2、R3 等为通用寄存器。

Load R1，A；　　　　//把内存 A 中的数加载到寄存器 R1

Load R2，B；　　　　//把内存 B 中的数加载到寄存器 R2

Add R3，R1，R2；　　//R1 和 R2 的数相加，放入 R3

Store C，R3；　　　　//把寄存器 R3 的数存入内存 C

除了寄存器-寄存器型指令系统，早期的计算机经常使用堆栈型（Push、Pop）和累加器型指令系统，主要目的是降低硬件实现的复杂度。此外还有寄存器-存储器型。当今的指令系统主要是寄存器-寄存器型，这是因为寄存器的访问速度快，并且容易实现流水线及流水线的各种提升效率的方法，如多发射和乱序执行等。

Load-Store 型指令系统的几种常用指令如表 3-13 所示。

表 3-13　Load-Store 型指令系统的几种常用指令列表

| 指令 | 说明 | 意义 |
|---|---|---|
| LB rt, offset(base) | B：Byte | 从内存中读取一个字节，并将其符号扩展为一个 32 位整数 |
| LBU rt, offset(base) | | 从内存中读取一个字节，并将其高位加 0 扩展为一个 32 位整数 |
| LH rt, offset(base) | H：Half word | 从内存中读取两个字节，并将其符号扩展为一个 32 位整数 |
| LHU rt, offset(base) | | 从内存中读取两个字节，并将其高位加 0 扩展为一个 32 位整数 |
| LL rt, offset(base) | LL：Load link | 取出对齐的有效地址指令的存储器位置处的 32 位字内容，并将其加载到通用寄存器 rt 中。将 base 字段指定的寄存器内的基地址和 offset 字段指定的有符号的偏移量进行相加后，生成有效地址 |
| LW rt, offset(base) | Load word to register | 将 base 字段指定的寄存器内的基地址和 offset 字段指定的有符号的偏移量进行相加后，生成有效地址 EffAddr；取出对齐的有效地址指令的存储器位置处的 32 位字内容，并将其加载到通用寄存器 rt 中 |
| LWL rt, offset(base) | Load word to registers left | EffAddr 是存储器中从任意字节边界开始形成的一个字（W）的 4 个连续字节的最高有效地址 |
| LWR rt, offset(base) | Load word to registers right | EffAddr 是存储器中从任意字节边界开始形成的一个字（W）的 4 个连续字节的最低有效地址 |
| PREF hint, offset(base) | | 预取：将数据从存储器预取到高速缓存中，以提高程序性能 |
| SB rt, offset(base) | B：Byte | 将 16 位有符号的 offset（偏移量）与通用寄存器中所保存的 base（基地址）相加形成有效地址；寄存器 rt 的最低有效 8 位字节保存在存储器中对齐的有效地址指定的位置 |

（续表）

| 指令 | 说明 | 意义 |
|---|---|---|
| SC rt, offset( base) | Store conditional | 通用寄存器 rt 中的 32 位字有条件的保存在存储器中对齐的有效地址指定的位置。将 offset 字段中的有符号偏移量值与 base 字段所指定寄存器中的基地址内容相加,以生成有效地址。SC 完成由处理器上执行的前面 LL 指令开始的 RMW 序列 |
| SH rt, offset( base) | H:Half word | 将 16 位有符号的 offset(偏移量) 与通用寄存器中所保存的 base(基地址) 相加形成有效地址;寄存器 rt 的最低有效 16 位字保存在存储器中对齐的有效地址指定的位置 |
| SW rt, offset( base) | Store Word | 将 16 位有符号的 offset(偏移量) 与通用寄存器中所保存的 base(基地址) 相加形成有效地址;寄存器 rt 的最低有效 32 位字保存在存储器中对齐的有效地址指定的位置 |
| SWL rt, offset( base) | Store register left to memory | 从由 base 字段指定的寄存器中得到 32 位的基地址,然后和 offset 字段指定的 16 位有符号数进行相加运算,然后得到有效地址(EffAddr);EffAddr 是存储器中从任意字节边界开始形成的一个字(W)的 4 个连续字节的最高有效位的地址 |
| SWR rt, offset( base) | Store registers Right to memory | EffAddr 是存储器中从任意字节边界开始形成的一个字(W)的 4 个连续字节的最低有效地址 |
| SYNC ( stype=0 implied) | | 对加载和保存进行排序 |

LWL 和 LWR 是 MIPS 的特色指令,可实现不对齐访存。非对齐访存(Unaligned Access)是指访问内存数据时,数据地址不是其类型大小的整数倍。例如,对于一个 32 位的整型(4 个字节),合适的对齐访问应该是在地址是 4 的整数倍的地方,如基地址+0,基地址+4 等。如果在基地址+1,或基地址+2 或基地址+3 这样的地址访问 32 位的整型,则都称之为非对齐访存。

MIPS 存储器按字节编址,当 32 位数据不是对齐存储时,MIPS 的特色指令 LWL 和 LWR 可以在寄存器中拼接成对齐的数据。前缀 L(Load) 操作是把内存数据置入寄存器,后缀 L(Left)或者 R (Right)是指寄存器的左端或是右端。寄存器中的右端是数据的低位,左端是数据的高位。

读取存储器的数据时,存储器是按大端序还是小端序存储数据,取到的数据字节顺序是不同的。关于内存对齐和端序会在后续存储体系中进一步讲述。下面分别举例说明用 LWL 和 LWR 对大小端存储数据的拼接情况。

在内存中两个连续的 4 字节地址中,即 8 字节的内存空间,共有 4 个字节的有效数据,用 LWL 和 LWR 在寄存器中拼接成一个 4 字节 word。

### 1）大端序存储

在地址 a 中的高字节存有 3 个字节的有效数据,在地址 a+4 中的低字节存有 1 个字节的有效数据。用两次 load 将这两个连续地址的 4 个字节进行拼接。

LWL Rg, a+1;

从地址 a+1 向高地址方向取数直至地址对齐,即至 a+3,将各字节地址的数据按地址从低至高的顺序从寄存器的左边(高位)依次放入。

LWR Rg, a+4;

从地址 a+4 向低地址方向取数直至地址对齐,即 a+4,将各字节地址的数据按地址从高至低的顺序从寄存器的右边(低位)依次放入。

这样,在寄存器中就拼接成了一个 4 字节 word:0×12345678,如图 3-18 所示。

| 大端 | 存储器 | | | |
|---|---|---|---|---|
| | 数据位0 | | | 数据位31 |
| | 字节0 | 字节1 | 字节2 | 字节3 |
| 地址a | | 0x78 | 0x56 | 0x34 |
| 地址a+4 | 0x12 | | | |

| Rg | 寄存器 | | | |
|---|---|---|---|---|
| 两次load拼接字 | 左:高 数据位31 | | | 右:低 数据位0 |
| LWL Rg, a+1; LWR Rg, a+4; | 0x78 | 0x56 | 0x34 | 0x12 |

图 3-18　大端拼接

| 小端 | 存储器 | | | |
|---|---|---|---|---|
| | 数据位31 | | | 数据位0 |
| | 字节3 | 字节2 | 字节1 | 字节0 |
| 地址a | 0x56 | 0x34 | 0x12 | |
| 地址a+4 | | | | 0x78 |

| Rg | 寄存器 | | | |
|---|---|---|---|---|
| 两次load拼接字 | 左:高 数据位31 | | | 右:低 数据位0 |
| LWR Rg, a+1; LWL Rg, a+4; | 0x78 | 0x56 | 0x34 | 0x12 |

图 3-19　小端拼接

### 2)小端序存储

在地址 a 中的高字节存有 3 个字节的有效数据,在地址 a+4 中的低字节存有 1 个字节的有效数据。用两次 load 将这两个连续地址的 4 个字节进行拼接。

LWR Rg, a+1;

从地址 a+1 向高地址方向取数直至地址对齐,即至 a+3,将各字节地址的数据按地址从低至高的顺序从寄存器的右边(低位)依次放入。

LWL Rg, a+4;

从地址 a+4 向低地址方向取数直至地址对齐,即 a+4,将各字节地址的数据按地址从高至低的顺序从寄存器的左边(高位)依次放入。

这样,在寄存器中就拼接成了一个 4 字节 word:0×12345678,如图 3-19 所示。

## ▶ 思考与练习

3-1　主频就是处理器的计算速度吗? 处理器的位数和哪些因素有关?

3-2　哈佛结构和冯·诺伊曼结构的本质区别是什么?

3-3　CISC 和 RISC 的区别是什么?

3-4　简单介绍一下目前的几种主流处理器。

3-5　龙芯 1B 的处理器核是什么型号? 采用了哪种指令集?

# 第 4 章

# 嵌入式系统典型技术 II

## 4.1 嵌入式系统的存储体系

### 4.1.1 存储器分类

当前所说的存储器,多为半导体存储器。按存储和擦除原理等特性分为易失性和非易失性两大类,又各自细分为几种常见的类型,如图 4-1 所示。

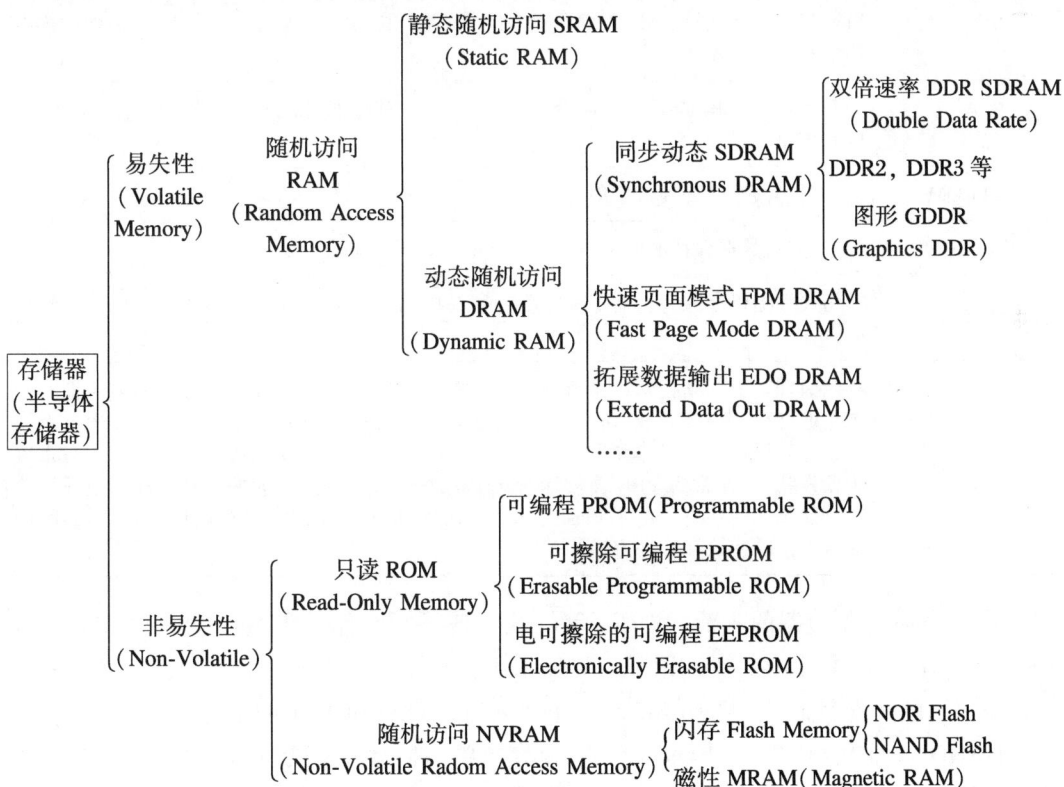

图 4-1 半导体存储器的分类

不同类型的存储器不仅擦除方式不同,存储原理也不相同。SRAM 的存储原理基于锁存器;DRAM 的存储原理基于单晶体管单电容(1T1C)单元结构的电路;闪存存储的基本原理主要基于浮栅晶体管(Floating Gate Transistor)技术,存储单元由具有两个栅极的 MOS 管

(Metal-Oxide-Semiconductor Field-Effect Transistor,MOSFET)组成,两个栅极分别是控制栅(Control Gate)和浮栅(Floating Gate);而寄存器作为一种特殊的存储单元,它的存储原理是 D 触发器。因为存储原理不同,不同类型的存储器在使用上也有区别(表 4-1)。

表 4-1 存储器的分类和基本特点

| 类型 | 基本技术特点 |
|---|---|
| **RAM** | RAM 是一种易失性存储器,这意味着当电源关闭时,存储在 RAM 中的数据会丢失。它用于存储当前正在使用的数据和程序,与硬盘等永久存储设备相比,其读写速度要快得多 |
| SRAM | 存储原理基于锁存器。不需要刷新电路,掉电丢失数据。访问速度快,但集成度比较低,不适合做容量大的内存,通常用于 CPU 内部的一级缓存以及内置的二级缓存 |
| DRAM | 存储原理基于单晶体管单电容(1T1C)单元结构的电路,利用 MOS 管的栅电容上的电荷来存储信息。掉电丢失数据,由于栅极会漏电,需要刷新电路补充电荷。同时因为只使用一个 MOS 管来存储信息,集成度可以很高,容量能够做得很大。高密度、低成本、高速度、高功耗 |
| SDRAM | 比 DRAM 多了一个与 CPU 时钟同步,数据的读写需要时钟来同步。DRAM 和 SDRAM 容量较 SRAM 大,但是读写速度不如 SRAM。一般的嵌入式产品里面的内存用的是 SDRAM |
| **ROM** | 由与、或阵列构成,可靠性高、技术成熟。根据擦除的方式不同,有 EPROM、EEPROM 等 |
| EPROM | 擦除时必须用紫外线灯照射 |
| EEPROM | 电可擦除,数据保持时间最少 10 年。擦写次数影响其寿命 |
| **NVRAM** | 非易失性随机存取存储器,其特点为非易失、低成本、高密度、高速度、低功耗、高可靠性 |
| FLASH | 存储原理基于浮栅技术,每个存储单元由一个或多个晶体管构成,每个晶体管拥有一个浮栅,浮栅上存储着电荷,通过控制浮栅的电荷状态来表示存储的数据。数据的写入是通过执行擦除操作和编程操作来完成的。擦除操作将存储单元的电荷状态重置为预设状态(通常为全 0),而编程操作则根据需要在存储单元的浮栅上注入电荷以改变存储单元的状态。由于 Flash 存储器的擦除和编程操作会对存储单元产生损耗,因此有一定的擦除和编程寿命 |

作为非易失存储器的主流,快闪存储器或快速擦写存储器 Flash Memory 由东芝于1980 年申请专利,并在 1984 年的国际半导体学术会议上首先发表。它是目前嵌入式系统中广泛采用的主流存储器。Flash Memory 主要分为 NAND 和 NOR 两种。

NAND(与非),由东芝于 1999 年创造,其存储单元是通过源极与漏极首尾相接的方式串联起来的。每个存储单元的控制栅极由代表地址的字线控制,而第一个源极接地,最后一个漏极接代表数据的位线。在读取数据时,只有当所有串联的存储单元都被选中并施加门限电压导通(即输入全为真)时,位线才能读取到地线电位(即输出为假)。这是因为只有当所有存储单元都导通时,电流才能从源极流经所有存储单元到达漏极,形成通路,使得位线读取到地电位。

这种串联结构和读取机制使得 NAND Flash 具有一种"与"和"非"的逻辑特性(图 4-2):只有当所有存储单元都为真(即都导通)时,输出结果才为假。

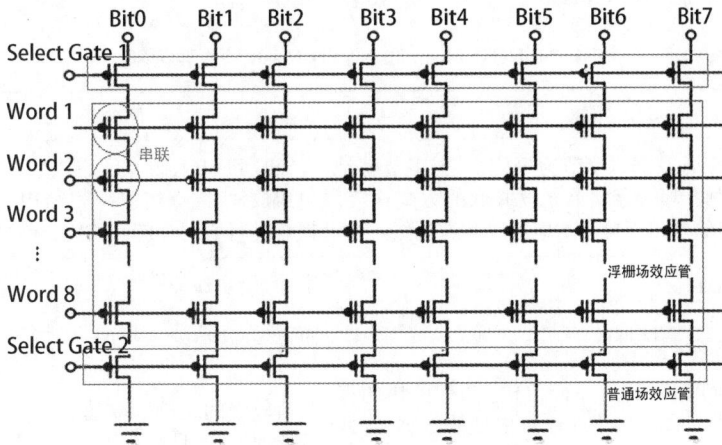

图 4-2    Nand Flash 的"与"和"非"逻辑

NAND Flash 是一种连续存储介质,其数据存储以页为单位。它没有专用的地址线,因此不能直接寻址,而是通过一个间接的、类似 I/O 的接口来发送命令和地址进行控制。NAND Flash 的这种特性使得它更适合用于存储大量数据,如文件、照片、视频等。

NOR(或非),由英特尔于 1988 年发明。在 NOR Flash 中,每个基本存储单元(浮栅场效应管)是并联在地线与数据位线之间的。这意味着当任何一个存储单元被选中并施加门限电压(输入真)以进行读取操作时,位线都可以读取到地电位(0,即输出为假)。即同一个位线上的存储单元,只要有一个存储单元为"0",位线读取结果就会为假。这就是"或"和"非"的逻辑特性(图 4-3)。

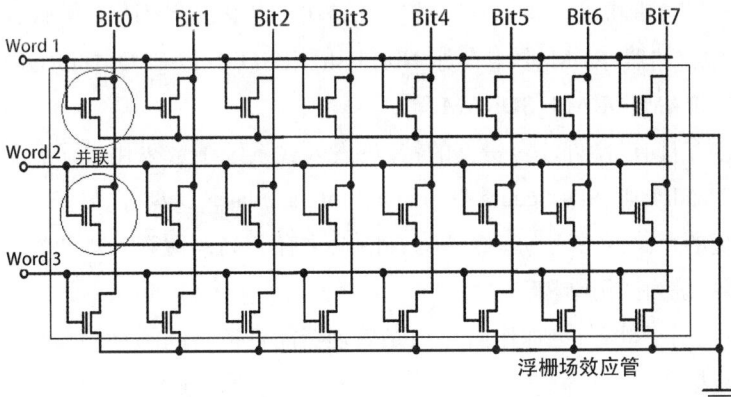

图 4-3    NOR Flash 的"或"和"非"逻辑结构

NOR Flash 的结构允许它以字节为单位进行随机访问,特别适合用于存储程序代码,因为它允许 CPU 直接访问任何位置的数据。在编程之前,必须将对应的存储区擦除,擦除的过程就是将所有位都写为 1。NOR Flash 擦除和编程的最小单位通常是字,而 NAND Flash 擦除和编程的最小单位是块。

NAND Flash 和 NOR Flash 的主要区别如表 4-2 所示。

表 4-2　NOR Flash 和 NAND Flash 的主要区别

|  | NOR Flash | NAND Flash |
|---|---|---|
| 概念 | NOR Flash 存储以字节为单位,一个字节就是一个存储单元,存储单元以并联的方式连接,每个存储单元有自己的地址线和数据线 | NAND Flash 存储单元以串联的方式连接成页,再组成块,继续组成阵列结构。使用页和块的概念进行数据存储和访问,无法字节寻址 |
| 寻址 | 字节地址 | 页地址,块地址 |
| 读写 | 字节读写,扇区擦除 | 页读写,块擦除 |
| 特点 | 由于 NOR Flash 是并行结构,具有更快的读取速度,可以直接读取任意地址的数据,因此适合需要快速随机访问的场景,用于代码的存储和执行 | 具有较慢的随机读取速度,但具有较快的顺序读取速度,并且适合用于大数据块的顺序读写,适合于数据存储 |
| 应用 | 常用于嵌入式系统中存储程序代码和执行引导程序等应用,如微控制器和嵌入式设备。占据了容量为 1~16 MB 闪存市场的大部分 | 常用于大容量的数据存储,如移动设备、固态硬盘和存储卡等,用在 8~128 MB 的产品当中 |
|  | 也需要专门的硬件控制器以及相应的软件驱动程序 | 由于其特殊的操作方式和擦除/写入算法,通常需要专门的软件驱动程序来管理其擦除、写入和读取操作。还需要一定的硬件控制器支持 |

## 4.1.2　存储体系

存储器(Memory)在存储体系结构上分为主存和外存。主存可位于片内或片外。

主存是处理器可直接访问的存储空间,可存在于片内或片外,其传输速度快,可以是 ROM 或 RAM 型存储器;ROM 类主存如 NorFlash、EPROM、EEPROM、PROM、NVRAM 等,RAM 类主存如 SRAM、DRAM、SDRAM 等。

外存相对主存具有价格低、容量大的特点;嵌入式系统多数采用电子盘做外存,电子盘的主要种类有 NandFlash、SD(Secure Digital)、CompactFlash、U 盘等。

嵌入式系统的存储器系统为三级结构:外存、主存和高速缓存。如果加上 CPU 内的寄存器,则存储器系统为四级结构。

(1) 主存(相对于外存,也称作内存),是处理器能直接访问的存储器,用来存放系统和用户的程序和数据。

(2) 外存,外存数据必须通过外存控制器先读进内存再供处理器访问,处理器不可以直接访问存储在外存中的数据,它用来存放用户的各种信息。

(3) 高速缓存 Cache,高速缓存一般不像系统主存那样使用 DRAM 技术,而是使用价格昂贵但较快速的 SRAM 技术。高速缓存的容量比较小但速度比主存高得多,接近于 CPU

的速度,在计算机存储系统的层次结构中,位于 CPU 和主存之间。

在嵌入式系统中,Cache 一般集成在嵌入式微处理器内,内容上可分为:数据 Cache、指令 Cache、混合 Cache,层次上可分为:L1 Cache（一级缓存）、L2 Cache（二级缓存）、L3 Cache（三级缓存）。

存储器的存储层次结构如图 4-4 所示。

高速缓存(Cache)是对主存储器一部分内容的复制,也就是将主存储器的一部分内容按一定规则复制到这一小块存储器中。高速缓存最重要的技术指标是它的命中率,CPU 在 Cache 中找到有用的数据称为命中,当 Cache 中没有 CPU 所需的数据时（这时称为未命中）,CPU 才访问内存。高速缓冲存储器和主存储器之间信息的调度和传送是由硬件自动进行的。

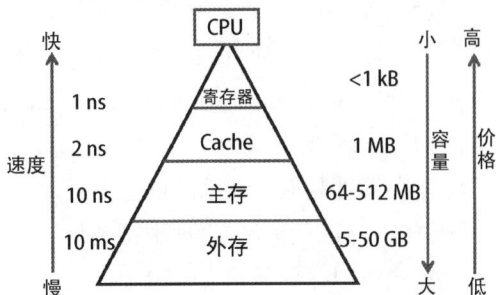

图 4-4　存储器的存储层次结构示意图

与处理器交互信息最密切的是高速缓存（最近）,其次是内存,处理器与外存（最远）的交互密切程度最低。处理器先从最近处寻找所需的内容,如果内容不在,则称之为缺失;一旦发生缺失就需要从下一级存储器中加载新的信息,以此类推。

如果 CPU 发现所需要的内容没有在高速缓存中,则就会从计算机内存/主存中将所需要的信息加载到高速缓存中;如果发现内存/主存中也找不到所需要的信息,则需要从外存中将信息加载到内存/主存中。高速缓存和计算机内存的容量有限,当加载新的信息时,就存在覆盖旧信息的情况,此时也需要指定规则来处理这种情况,称为替换。

在冯·诺伊曼体系结构中,高速缓存用于指令和数据。在改进的哈佛结构中,采用了分离的指令和数据总线,即有两个高速缓存,一个指令缓存（I-Cache）和一个数据缓存（D-Cache）,龙芯的 1B 处理器采用的就是这种架构。

一些更复杂的处理器还提供了第二级高速缓存（L2-Cache）。龙芯的 2H 处理器有 64kB 的指令 L1 Cache 和 64 kB 的数据 L1 Cache,以及 512 kB 的 L2 Cache。

## 4.2　地址和映射

### 4.2.1　内存空间

**1）段、堆、页**

段(Segment)是指程序在内存中的逻辑划分。堆(Heap)是一段连续的、大小可配置的内存空间,用来对段进行动态分配。页(Page)是内存管理中所使用的最小单位,段和堆的大小通常是页的大小的整数倍。堆、段和页都是内存管理的相关概念,它们之间存在着密切的关系。其大小顺序为:一个段 > 一个堆 > 一页。堆、段和页都是虚拟内存空间的划分。

（1）段，是指程序在内存中的逻辑划分，可以包括代码段、数据段、堆、栈等。在传统的操作系统中，每个段都是由一些连续的内存单元组成，而每个段之间则可以有一些间隔。段的概念有助于实现内存的逻辑划分，使得程序的不同部分能够被更好地组织和管理。

（2）堆，是指在程序运行时动态分配内存的区域。

（3）页，是指进行内存管理时所使用的最小的单位。在虚拟内存的管理中，物理内存被划分为固定大小的页，通常大小为 4 kB 或者更大。程序在运行过程中分配的内存空间是按页来分配和管理的，包括代码页、数据页等。页的管理有助于实现内存的虚拟化和更高效的内存管理方式。

内存管理是嵌入式系统的重要技术。早期处理器的存储管理采用段式方法，现在大多采用页式或段页混合式管理虚拟地址。

页式虚拟存储管理是将虚拟内存空间划分成若干长度相同的页，将虚拟地址和物理地址的对应关系组织成页表，并通过硬件来实现快速的地址转换。龙芯 1B 的内存管理就是在内存分段的基础上采用基于页和页表的方式。虚拟地址分为虚拟页号和页内偏移两部分，地址转换时根据虚拟页号检索页表，得到对应的物理页号，与页内偏移组合得到最终的物理地址（图 4-5）。

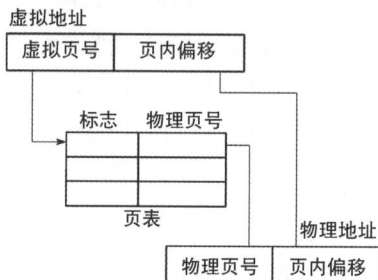

图 4-5　基于页表的内存管理

**2）C 语言的分段内存模型**

前面已经说过，段的概念有助于实现内存的逻辑划分，使得程序的不同部分能够被更好地组织和管理。C 语言中程序编写时所考虑的内存分段模型，如图 4-6 所示。

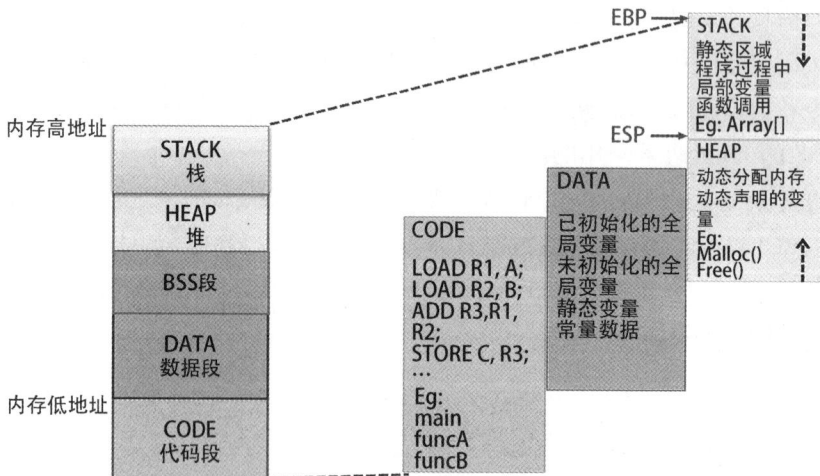

图 4-6　C 语言的内存分段模型

（1）栈（Stack）：程序执行过程中使用的空间，用于局部变量或函数调用的存放，从高地址向低地址增长，可读可写可执行。栈是一种线性结构，一个堆栈可以通过"基地址"和"栈顶"地址来描述。

■ ESP：堆栈指针寄存器，指向堆栈顶部低地址；

■ EBP：基址指针寄存器，指向当前堆栈底部高地址。

（2）堆（Heap）：动态分配内存，动态声明的变量，如 C 语言中的 malloc，从低地址向高地址增长，可读可写可执行。堆是一种链式结构。

（3）BSS（Block Started by Symbol）：通常是指用来存放程序中未初始化的或者初始化为 0 的全局变量和静态变量的一块内存区域。

（4）数据段（Data）：保存初始化的全局变量和静态变量，可读可写不可执行。

（5）代码段（Code）：保存程序文本，指令指针 EIP 就是指向代码段，可读可执行不可写。

这个分段是代码中的分段。具体起始位置地址需要和处理器一致。

**3）静态分配和动态分配**

存储空间中，存储区可被划分为固定大小和可变大小两种。分配方式也有静态分配和动态分配之分。

（1）固定大小存储区

指在存储器中划分出一定大小的连续空间，用于存储数据或程序。这种存储区的大小是固定的，不会随着存储需求的变化而改变。固定大小存储区的管理基于分区，它是由大小固定的内存块构成，分区大小是内存块大小的整数倍，如图 4-7 所示。

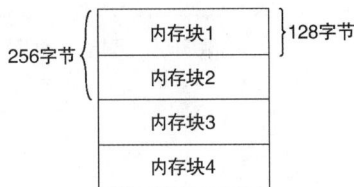

图 4-7  固定大小存储区

$$一个分区大小 = n * 内存块大小，n \geq 1$$

例如，一个大小为 512 字节的分区，包括 4 个 128 个字节的内存块。

在 C 语言中，固定大小的存储区是静态分配的。

静态分配是在程序编译时或者程序加载时完成内存分配的方式。系统在启动前，所有的任务都获得了所需的内存，运行过程中不会有新的内存请求，其分配和释放是自动进行的，不需要进行专门的内存管理操作。在 C 语言中，这种内存分配方式包括：

① 全局变量：全局变量是在程序开始时分配的，其内存空间在整个程序运行期间都是可用的。

② 静态变量：静态变量（使用 static 关键字声明的变量）也在程序运行前就分配了内存，其生命周期可延续至整个程序运行期间。

③ 固定大小的数组：固定大小的数组在编译时分配了固定大小的内存空间，因此也属于静态分配。

静态分配内存的方式下，系统使用内存的效率比较低下，适合于强实时、应用比较简单、任务数量可以确定的任务或系统。

（2）可变大小存储区

可变大小的存储区是指在程序运行时可以动态改变大小的存储区域。可变大小的存储区的管理基于堆(Heap),而堆的管理是通过内存的动态分配来实现的。

动态分配指在程序运行时根据需要动态地分配内存空间,通常在堆上进行。动态分配通常用于以下情形:

① 在运行时动态创建数据结构。

② 需要在函数之间传递大型数据结构,但该结构在程序的整个生命周期中只需要临时存在。

③ 需要在程序运行时根据某些条件分配内存。

在 C 语言中使用 malloc( )、calloc( )、realloc( )等函数来进行堆内存的动态分配(表4-3)。

表 4-3  malloc( )、calloc( )和 realloc( )函数的说明和举例

| 函数 | 说明 | 举例 |
|------|------|------|
| malloc( ) | 用于分配指定大小的内存块 | //分配包含 10 个整数的内存块,不对分配的内存进行初始化<br>int*ptr = (int*)malloc(10*sizeof(int)); |
| calloc( ) | 用于分配指定数量的项目,并为它们分配内存空间 | //分配包含 10 个整数的内存块,并将其初始化为 0<br>int*ptr=(int*)calloc(10,sizeof(int)); |
| realloc( ) | 用于修改先前分配的内存块的大小 | //尝试将 ptr 指向的内存块重新分配为包含 20 个整数的内存块<br>int* new_ptr = (int*)realloc(ptr, 20*sizeof(int));<br>if (new_ptr ! = NULL)<br>{<br>　　ptr = new_ptr;<br>} |

动态分配的内存空间在程序运行时才能确定大小和位置,这期间需要程序员进行显式的管理,包括分配和释放。如下:

```
int*ptr;                                  // 定义指向整型的指针
ptr = (int*)malloc(sizeof(int));          // 通过 malloc( ) 函数为指针分配堆空间
if (ptr ! = NULL)                         // 分配成功
{//使用分配的内存
     *ptr =5;                             // 例如将值赋给堆上的地址
     …
     free(ptr);                           // 释放堆空间
}
else
{                                         //处理未成功分配情况
}
```

动态分配内存的主要优势在于可以根据实际需要在运行时动态地获取所需的内存空间,同时在不再需要时可以释放这些内存空间。但堆会带来碎片,可用垃圾回收处理碎片:

对内存堆进行重新排列,把碎片组织成大的连续可用的内存空间。但回收的时间长短不确定,不适合处理实时应用。

## 4.2.2 几个地址

处理器在对存储器操作时,有几个非常重要的与地址相关的基本概念:逻辑地址、物理地址和虚拟地址。

(1)逻辑地址

逻辑地址是程序运行时生成的地址,经过寻址方式的计算和变换才得到存储的物理地址。这个地址空间是抽象的,地址不一定是连续的,比如对于一个一维数组的数据结构,地址是连续的,而对于程序中的链表或者树的数据结构,地址不一定是连续的。

(2)虚拟地址

在多任务操作系统中,为了隔离各个进程的内存空间,系统为每个进程提供了一个独立的虚拟地址空间,它是一个连续的、平坦的地址空间,为程序员提供了一种简单的地址访问方式。虚拟地址的作用是提供一种抽象位置,使得程序可以使用相对简单的地址来访问内存,而不需要关心物理内存的具体布局和位置。这样,每个进程都认为自己拥有完整的内存空间。虚拟地址,也称为线性地址或线性空间地址。

在没有操作系统的嵌入式系统里,有时候逻辑地址也因为其抽象性被称作虚拟地址。请注意这两个术语在不同的上下文中可能有不同的用法。

(3)物理地址

物理地址是指计算机内存中存储单元的实际地址,通常用来指代内存模块中的特定位置。把物理内存分割成很多个大小相等的存储单元,如字节或字,每个单元命名一个编号,这个编号就称为物理地址,也叫内存地址、绝对地址或实地址。

物理地址的集合称为物理地址空间,又称为物理内存,它是一个一维的线性空间。物理地址与地址总线相对应。地址线宽决定了物理/直接寻址空间大小,例如 32 位地址线,物理寻址空间是 $2^{32}$(Byte),即 4G,地址范围是 0x00000000-0xFFFFFFFF。

(4)总线地址

总线地址是通过地址总线可以访问到的存储单元的地址。从被访问的对象角度看,总线地址就是被访问内存单元或设备的物理地址。有一种情况总线地址与物理地址不同,就是 PCI 总线。

逻辑地址和虚拟地址都是抽象地址,与物理地址之间有映射关系,这个映射由内存管理单元 MMU 或者操作系统和内存管理单元一起完成。其中,有操作系统的,操作系统把内存空间分为页,会为每个进程分配基于页的虚拟空间,并用虚拟地址和页表进行管理,虚拟地址通过内存管理单元进行地址转换,映射到物理存储单元上;而没有操作系统的,逻辑地址和物理地址有直接映射关系,这个映射关系一般是由硬件直接管理的,硬件会根据由寄存器和硬件电路组成的映射表将逻辑地址直接转换为对应的物理地址(图 4-8)。

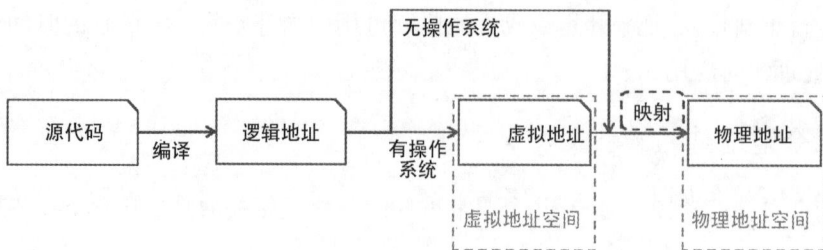

图 4-8　地址映射

## 4.2.3　地址映射

为了保证 CPU 执行指令时可正确访问物理存储单元,将用户程序中的逻辑地址转换为运行时由机器直接寻址的物理地址,这一过程称为地址映射。由 MMU 和地址译码器来完成。

地址映射又称内存映射,是系统上电/复位时的预备动作,是一个将 CPU 所拥有的地址编码资源向系统内各个物理存储器块分配的自动过程,映射的逻辑关系在计算机系统上电/复位后才建立起来。

可以将映射理解成一个函数:输入量是逻辑地址编码,输出量是被寻址单元数据所在的物理地址。当计算机系统掉电后或复位时,这个函数就不复存在了。

举例说明:定义两个整型变量 $x$ 和 $y$,然后把 5 赋值给 $x$,再把 $x$ 加上 3 赋值给 $y$,程序见表 4-4 所示。

表 4-4　程序举例

| C 语言 | 汇编 | 说明 |
|---|---|---|
| int x=0,<br>y=0;<br>x=5;<br>y=x+3; | sw zero,0(s8)<br>sw sero, 4(s8)<br>li v0, 5<br>sw v0, 0(s8)<br>lw v0, 0(s8)<br>addiu v0, v0,3<br>sw v0,4(s8) | # Memory[s8+0] = Zero,从寄存器 zero 中取字写到内存<br># Memory[s8+4] = Zero,从寄存器 zero 中取字写到内存<br># 取立即数 5 放到寄存器 v0 中<br># Memory[s8+0] = v0,从寄存器 v0 中取字写到内存,5 赋给 x<br># v0 = Memory[v0+0],从内存取一个字到寄存器 v0<br># v0 = v0 + 3<br># Memory[s8+4] = v0,v0 中加好的值写回内存 |

假设逻辑地址空间中首地址为 0,代码存放在起始地址为 100 的地方,数据放在起始地址为 200 的地方,而该段的物理起始地址是 1000。经过编译和映射后的地址分别如图 4-9 所示。逻辑地址空间中,常量 5 保存到地址为 200 的位置,y 的逻辑地址则是 204。

物理地址空间中,如果系统采用的是固定分区的存储管理方法,这个程序将被装入内存段的某个空闲分区当中。在程序指令中,它们所采用的地址还是逻辑地址,如 200、204,但是 CPU 在执行指令的时候,是按照物理地址来进行的,如果访问 200 和 204 的物理地址就会出错,因此需要映射。

地址映射根据其实现方式,分为静态地址映射和动态地址映射两类。

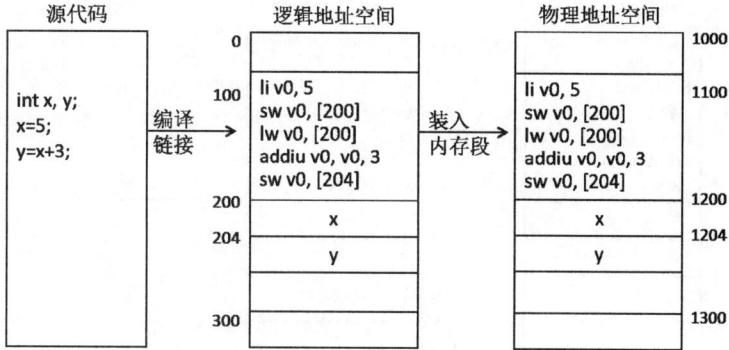

图 4-9　地址映射过程

### 1）静态地址映射

当用户程序被装入内存时,可一次性实现逻辑地址到物理地址的转换,以后不再转换(一般在装入内存时由软件完成)。

在装入之前,代码内部使用的是逻辑地址。

在装入以后,由于段的起始地址是 1000,所以修改这几条指令中的所有逻辑地址,把它们加上起始地址 1000:

200 变成了 1200,204 变成了 1204。

没有访问任何内存单元的指令则不用修改,如图 4-10 所示。

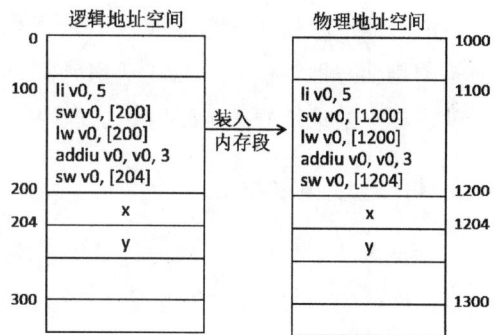

图 4-10　静态映射

### 2）动态地址映射

当用户程序被装入内存时,不对指令代码做任何修改,而是在程序的运行过程中,当它需要访问内存单元时,再进行地址转换。

该转换工作一般是由硬件的地址映射机制来完成。通常的做法是设置一个基地址寄存器,或者叫重定位寄存器。

当一个任务被调度运行时,就把它所在段的起始地址装入这个寄存器中。

在程序的运行过程中,当需要访问某个内存单元时,硬件就会自动地将其中的逻辑地址加上基地址寄存器当中的内容,从而得到实际的物理地址。

这个基地址寄存器位于 MMU 的内部,整个地址映射过程是自动进行的。从理论上来说,每访问一次内存都要进行一次地址映射,如图 4-11 所示。

### 3）内存分配和地址映射

静态分配和静态映射,动态分配和动态映射,看上去很相似的两组概念,却是内存管理不同层面的两个概念。

静态分配和动态分配是内存分配的两种主要方式。动态分配指在程序运行时根据需要动态地分配内存空间,通常在堆上进行。静态分配指在程序编译阶段就分配好内存空

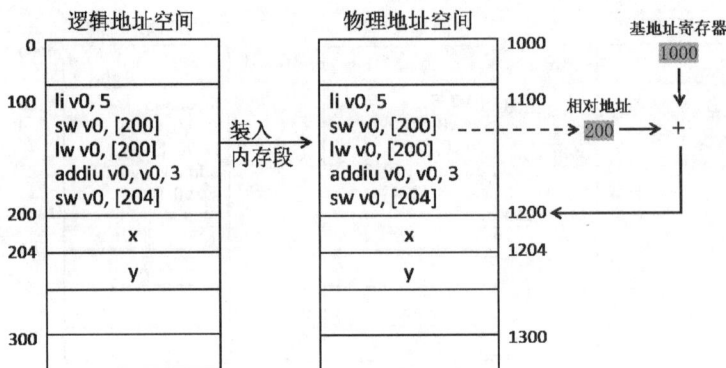

图 4-11　动态映射

间,通常在栈上或者全局数据区进行。

　　静态地址映射和动态地址映射是将程序的地址映射到物理内存的过程。动态地址映射指的是动态地将程序的地址映射到物理内存的过程。静态地址映射则是指在程序加载时就将程序的地址静态地映射到物理内存的过程。

## 4.2.4　地址重映射

　　地址重映射是指重新映射计算机系统中的内存地址,以改变物理内存地址和逻辑内存地址之间的映射关系。对已确立的映射关系的修改称为重映射,从本质上讲,映射与重映射都是将虚拟地址编码资源分配给物理存储器,不过二者产生的时间不同。

　　嵌入式系统的应用程序基本都是从逻辑 0 地址处开始运行的。0 地址映射到某个物理存储器上,再从该存储器上读取指令开始启动。这个位置也称为启动的逻辑 0。

　　例如,实际固化下载地址(1MB)是 0x0800 0000-0x081F FFFF,将其设置为启动时的地址(1MB)0x0000 0000-0x001F FFFF,这种设置可看成一种重映射,如图 4-12 所示。

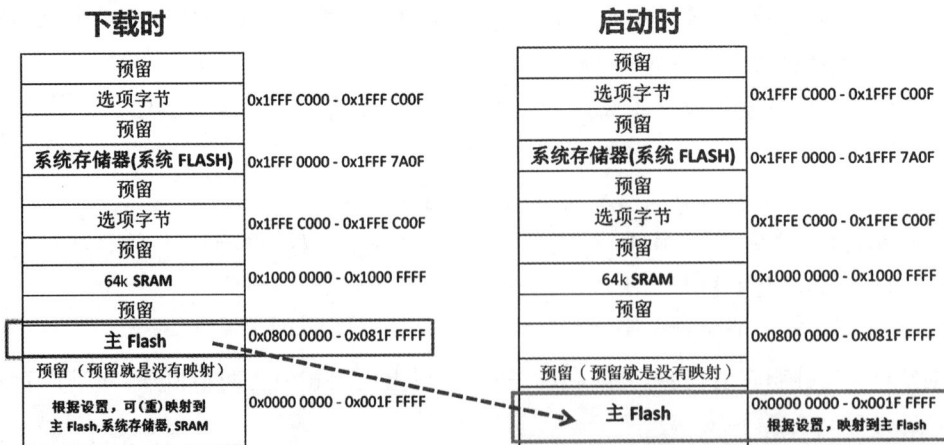

图 4-12　重映射

重映射从启动就开始了。典型的启动、映射、重映射时间顺序：

Memory Map→启动初始化 bootloader→Memory Remap

重映射也与异常(中断)处理机制紧密相关,它的引入是为了提高系统对异常的实时响应能力。当异常(中断)产生时,CPU 在硬件驱动机制下跳转到预先设定的存储器单元中,取出相应的异常处理程序的入口地址,并根据这个地址进入异常处理程序。这个保存有异常程序入口地址的存储器单元就是"异常入口"。

CPU 设计人员一般将所有的异常入口集中起来置于非易失性存储器 ROM/Flash 中,放在一段连续的地址空间上,这个异常入口集合就是"异常向量表"。中断向量是异常向量的一种。

这个向量表在上电后被启动程序的初始化部分复制到高速 RAM 的一端,然后通过重映射,给位于高速 RAM 中的向量表存储块分配异常向量表设计时的空间地址。

## 4.3　编址、对齐和端序

### 4.3.1　编址和寻址

有了两个地址,处理器在执行指令时对地址进行一定操作,这就是编址和寻址。

(1)编址:对内存/被访问单元而言,把系统内存分割成很多个大小相等的存储单元,如字节或字,每个单元给它一个编号,这个过程就是编址。

例:1M 字节的存储器,按字节编址和按字编址,(被)寻址的范围分别是多少?

$1M = 2^{20}Bytes$

① 按字节编址,有$(2^{20}Bytes/1Byte) = 2^{20}$ 个单元

需要 20 根地址线可完成编址,(被)寻址空间:1MBytes,寻址范围:$0 \sim 2^{20}-1$。

② 按字编址,1 个字 4 个字节,有$(2^{20}Bytes/4Byte) = 2^{18}$ 个单元

需要 18 根地址线可完成编址,(被)寻址空间:1MBytes,寻址范围:$0 \sim 2^{18}-1$。

(2)寻址:处理器根据指令中给出的地址信息来寻找有效地址,寻址空间就是最多能访问到的内存。

### 4.3.2　I/O 端口编址

CPU 和外部设备之间通过 I/O 接口进行联系;每个外设都有一个端口或几个端口,一个端口往往对应于外设的一个寄存器或一组寄存器。外设寄存器即称为"I/O 端口"。每个端口寄存器分配一个地址,各个端口寄存器地址具有唯一性。通过对 I/O 端口(即外设寄存器)的读写实现对外设的操作。

I/O 端口的编址方法就是 I/O 端口的地址安排方式。有 I/O 端口编址和存储器映射编址两种:I/O 端口编址是 I/O 端口与内存单元分开编址,即 I/O 单元与内存单元都有自己独立的地址空间;存储器映射编址则是 I/O 端口的地址与内存地址统一编址,即 I/O 单元与

内存单元在同一地址空间。

两种编址方式的比较如表 4-5 所示。

表 4-5　I/O 端口两种编址方式的比较

| | 存储器和 I/O 统一映射编址 | I/O 独立映射编址 |
|---|---|---|
| 优点 | 可采用丰富的内存操作指令访问 I/O 单元<br>无须单独的 I/O 地址译码电路<br>无须专用的 I/O 指令 | I/O 单元不占用内存空间<br>I/O 程序易读 |
| 缺点 | 外设占用内存空间<br>I/O 程序不易读 | I/O 操作指令仅有单一的传送指令,I/O 接口需有地址译码电路 |
| 举例 | ARM 中,I/O 端口与内存单元统一编址 | Intel 80x86 系列,I/O 端口与内存单元分开编址,I/O 端口有自己独立的地址空间,其大小为 64 kB |

对 I/O 空间和存储器的编址方式就是对 I/O 空间和存储器空间的访问方式,这种编址访问事实上由指令集所定义。

例如,x86 指令集包含独立的 I/O 空间和存储器空间,对这两部分空间的访问需要使用不同的指令:存储器使用访存指令,I/O 空间使用专门的 in/out 指令。

而 MIPS、LoongArch 等 RISC 指令集则对存储器和 I/O 空间统一编址,把它们都映射到同一个系统内存空间进行访问,使用相同的 load/store 指令;区别在于处理器对 I/O 空间的访问不能经过 Cache,因此需要定义 load/store 指令访问地址的类型,用来决定该访问能否经过 Cache。如 MIPS 指令集定义缓存一致性属性(Cache Coherency Attribute,CCA)Uncached 和 Cached 分别用于 I/O 空间和存储器空间的访问。

### 4.3.3　内存对齐和端序

#### 1)内存对齐

在存储中,还有一个概念称作内存对齐,它是计算机系统处理器和内存交互的一项重要特性,涉及数据在内存中的存放方式。

内存对齐也称为边界对齐。在存储器中放置数据时,数据的起始地址应该是该数据类型所占字节数的整数倍。换言之,内存对齐的举措是要确保数据的地址"对齐"于其数据类型大小的边界上。例如,给定一个 int 变量,4 个字节的长度,则它的存储起始地址应该是 4 的倍数。

如果用 m 表示当前存储的开始地址,n 表示数据字节长度。如果 m 是 n 的整数倍(即 m%n==0),数据从 m 位置开始存储,反之继续检查 m+1 能否整除 n,直到可以整除。

默认情况下,某些类型的处理器在硬件层面上要求数据类型应位于其自然边界上。例如,4 字节的整数应该存储在地址是 4 的倍数的位置。这样的对齐可以让处理器一次读取操作就能从内存中读取完整的数据,提高访问效率。(内存对齐的字对齐和字节对齐如图 4-13 所示)

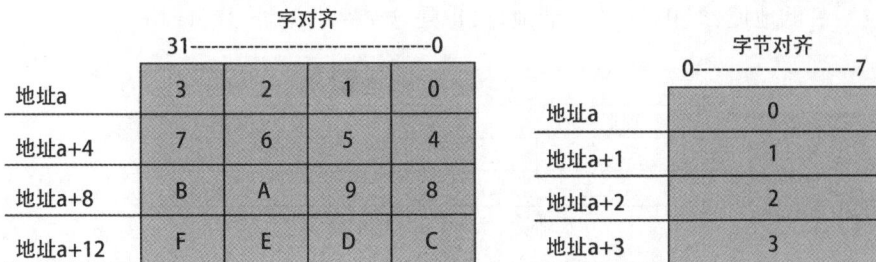

图 4-13　内存对齐的字对齐和字节对齐

内存对齐可以用两个结构体的定义来对比一下。如下：

```
struct Mystruct1 {
    char a;
    double b;
    int c;
    short d;
} MyStruct1;
```

```
struct Mystruct2 {
    double b;
    int c;
    short d;
    char a;
} MyStruct2;
```

定义两个成员相同但顺序不同的结构体,用连续的字节表示内存中的存储情况,如图4-14 所示。

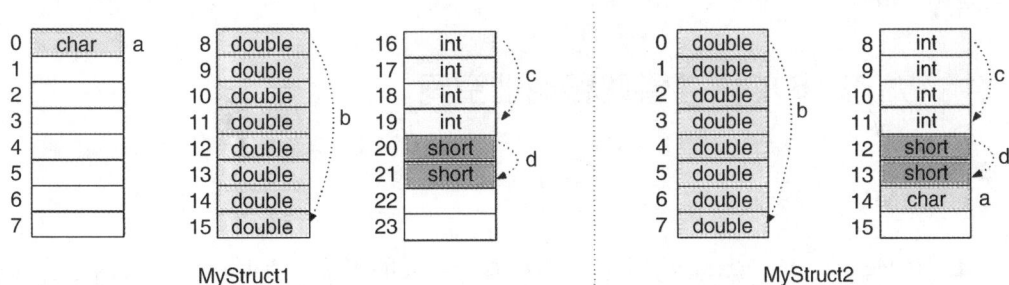

表 4-14　两种结构体在内存中的存储情况图示

从图 4-14 中可以看出,第二种结构体的定义注意了内存的对齐,所占内存空间小,浪费少。内存对齐的准确实现,有助于提高内存访问效率、减少总线负载、避免不必要的性能损耗。

**2）端序**

在存储中还有一个重要概念叫端序,即字节序,多字节(半字、字和双字)中的字节按一定顺序进行存储,端(Endian)序定义了数据格式中字节 0(低位)的位置。大端(Big-Endian)序是低位字节存入高地址,高位字节存入低地址;小端(Little-Endian)序则是低位字节存入低地址,高位字节存入高地址。

例如,对于字节编址的大端、小端存储器,分别存入一个字 0x12345678。

在大端序存储方式的存储器中,最高有效字节的地址就是该词(word)的地址,最高有效字节位于最低地址,即 0x12 位于低地址,也是这个字的地址(图 4-15)。

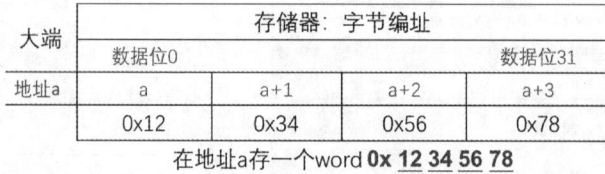

| 大端 | 存储器:字节编址 | | | |
|------|------|------|------|------|
| | 数据位0 | | | 数据位31 |
| 地址a | a | a+1 | a+2 | a+3 |
| | 0x12 | 0x34 | 0x56 | 0x78 |

在地址a存一个word **0x 12 34 56 78**

**图 4-15  0x12345678 大端存储**

在小端序存储方式的存储器中,最低有效字节的地址就是该字(word)的地址,最低有效字节位于最低地址,即 0x78 位于低地址,也是这个字的地址(图 4-16)。

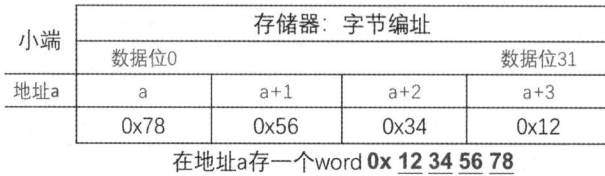

| 小端 | 存储器:字节编址 | | | |
|------|------|------|------|------|
| | 数据位0 | | | 数据位31 |
| 地址a | a | a+1 | a+2 | a+3 |
| | 0x78 | 0x56 | 0x34 | 0x12 |

在地址a存一个word **0x 12 34 56 78**

**图 4-16  0x12345678 小端存储**

在实验操作中,可通过定义联合体这个数据结构类型,查看所用的处理器的存储是大端还是小端格式。

# 4.4  龙芯 1B 的内存管理和地址空间

## 4.4.1  MMU

MMU(Memory Management Unit)是内存管理单元的简称。有时称作分页内存管理单元(Paged Memory Management Unit,PMMU)。它是一种负责处理 CPU 内存访问请求的计算机硬件。功能包括:

(1)虚拟地址到物理地址的转换(映射),在前面章节地址映射中已提到。

(2)内存保护、中央处理器高速缓存的控制。检查虚拟地址是否在限定的地址范围内,防止页面地址越界;检查对内存页面的访问是否违背特权信息,防止越权操作内存页面;在页面地址越界或是页面操作越权的时候产生异常。

(3)在较为简单的计算机体系结构中,负责总线的仲裁以及存储体切换(Bank Switching,尤其是在 8 位的系统上)。

龙芯 1B 的 GS232 处理器核支持全功能 MMU,通过 TLB 完成虚拟地址到物理地址的转换,如图 4-17 所示。TLB(Translation Lookaside Buffer)常被译作转译后备缓冲器,或转换旁路缓冲区,它是一块高速缓存 Cache,存储最近

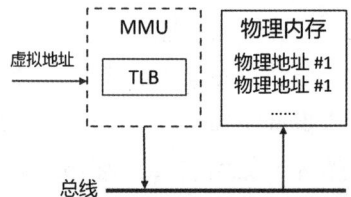

**图 4-17  龙芯 1B 的 MMU**

使用的页表项/条目,所以也称快查表,是实现地址转换的重要组成。

GS232 的 TLB 表项支持双页映射,即一个 TLB 条目可以同时存储两个相邻的页(偶数页和奇数页)的映射关系。每一条 TLB 条目有 96 位,如图 4-18 所示。

| Mask: 5-6位 | | 保留：9-10位 | | | |
|---|---|---|---|---|---|
| VPN2: Vitual Page Number | | | G: Global | ASID: Address Space ID | |
| 20位 | | | 1位 | 8位 | |

| NE0: NoExecute | PFN0: Physical Frame Number | C: Coherency | D: Dirty | V: Valid | 数据 |
|---|---|---|---|---|---|
| 1位 | 20位 | 3位 | 1位 | 1位 | 偶数页 |
| NE1: NoExecute | PFN1: Physical Frame Number | C: Coherency | D: Dirty | V: Valid | 数据 |
| 1位 | 20位 | 3位 | 1位 | 1位 | 奇数页 |

图 4-18 GS232 的 TLB 条目

TLB 条目中的 G 、D 、V 等信息来自协处理器 CP0 的寄存器。ASID 和 VPN(虚拟页号)的高位也来自协处理器 CP0 。图 4-18 中各字段定义如下:

Mask:定义页大小,如 0x1F 对应 4 KB,0x3FF 对应 16 MB。

VPN2:TLB 中匹配虚拟地址的 VPN 字段。

G:表示所在地址空间是用户段还是内核段,G＝1 时全局共享,忽略 ASID 匹配。

ASID:地址空间标识符,支持 256 个独立地址空间,用于多进程共享时的标识。

NE＝1 时禁止执行该页代码。

PFN:物理页框号(偶数页 PFN0,奇数页 PFN1)。物理内存被划分为固定大小的块,称为页框。每个页框都有一个对应的编号,这个编号就是页框号。

C0 或 C1 表示缓存策略,如 000＝Uncached , 011＝Write-back 等。

D:记录页面是否被修改过,D＝1 表示页面可写(写权限)。

V:指示该页是否在内存中的标志,V＝1 表示条目有效。

页式内存管理中,虚拟地址通常由两部分组成:虚拟页号(VPN)和页内偏移。类似地,物理地址由页框号(PFN)和页内偏移两部分组成。基于 TLB 页表的地址转换逻辑是:通过虚拟地址的 VPN 查找 TLB 中匹配的 VPN2,同时检查 G/ASID 是否匹配,如果匹配,则将 VPN2 条目中的对应内容作为物理地址的页框号;虚拟地址最低位(Bit 0)的奇偶决定了匹配 VPN2 中的偶数页还是奇数页。物理地址的偏移值直接用虚拟地址的偏移值。查找到匹配的 VPN2 的过程称之为 TLB 命中,否则称为 TLB 缺失,这时一般需要操作系统进行处理,并可能更新 TLB。GS232 通过 TLB 进行地址转换的逻辑如图 4-19 所示。

例如,一个 32 位的虚拟地址 0x00001234 中,页号 0x00001,页内偏移 0x234。如果在 TLB 中查找到 VPN2 为 0x00001 的条目中,奇数页(PFN1)为匹配页,PFN1 的内容为 0x80000,则将 PFN1 的内容 0x80000 作为物理地址的页框号,并与页内偏移 0x234 拼接,最终的物理地址为:0x80000234。

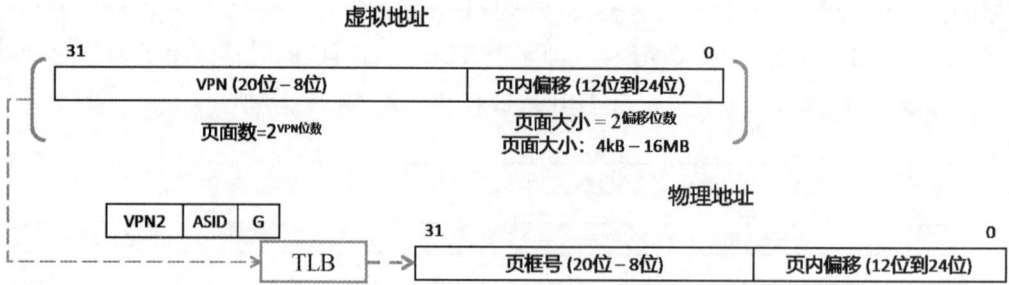

图 4-19　通过 TLB 进行地址转换的逻辑示意图

为了能够快速地进行虚拟地址到物理地址的映射,GS232 采用了集成在片上的全相联映射机制的 TLB(全相联是一种缓存设计的方式),包括 32 项全相联 JTLB,4 项指令 TLB 和 8 项数据 TLB,其物理结构如图 4-20 所示。

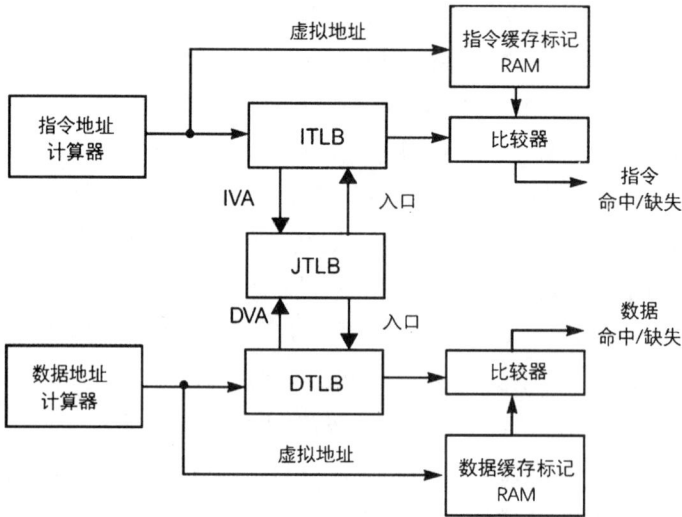

图 4-20　龙芯 1B 的 MMU 物理结构

IVA(Instruction Virtual Address,指令虚拟地址),其对应的入口全称为 Instruction Physical Address(指令物理地址)。

DVA(Data Virtual Address,数据虚拟地址),其对应的入口全称为 Data Physical Address(数据物理地址)。

联合 TLB(Joint TLB,JTLB),用于指令和数据的地址映射,共 32 项,每项映射两页,页的大小可变;指令 TLB(Instruction TLB,ITLB)和数据 TLB(Data TLB,DTLB)分别为 4 项和 8 项,每项映射一页,页面大小由每一项的 pagemask 域(源于 CP0 的 PageMask 寄存器)来指定。

命中表示从 TLB 条目中找到相应页号并成功转换出物理地址,缺失则表示不能进行有效转换。GS232 在转换缺失的时候采用随机替换的策略来替换缺失的表项,需要操作系统软件处理。

## 4.4.2　地址空间

MIPS32 架构有一个 32 位的虚拟地址空间。段（虚拟）是地址空间定义的子集，每个段的最大限制为 $2^{SEGBITS}$ 字节，SEGBITS＝32；实际段的大小是 $2^{29}$ 或 $2^{31}$ 字节，共可支持 8 个 $2^{29}$ 段或 2 个 $2^{31}$ 段。如果不包括 EJTAG 的 dseg 段，共支持 1 个大段（$2^{31}$）4 个小段（$2^{29}$），如表 4-6 所示。

表 4-6　MIPS32 的段和地址空间

| VA[31:29] | 段名 | 地址范围（十六进制） | 实际段的大小（字节） | 模式 | Mapped |
|---|---|---|---|---|---|
| 111 | kseg3 | E000 0000 ~FFFF FFFF | $2^{29}$ | 内核 | Mapped |
| 110 | sseg kseg2 | C000 0000 ~DFFF FFFF | $2^{29}$ | 管理 | Mapped |
| 101 | kseg1 | A000 0000 ~BFFF FFFF | $2^{29}$ | 内核 | Unmmaped Uncached |
| 100 | kseg0 | 8000 0000 ~9FFF FFFF | $2^{29}$ | 内核 | Unmapped |
| 0xx | useg suseg kuseg | 0000 0000 ~7FFF FFFF | $2^{31}$ | 用户 | Mapped 但在内核模式 ERL＝1 时 unmapped |

而物理地址的位数用符号 PABITS（physical address bits）表示，龙芯 1B 中 PABITS＝32，虚拟地址和物理地址都是 32 位。

虚拟地址空间对不同模式下访问的支持如表 4-7 所示。

表 4-7　虚拟地址空间和模式对应表

| 地址范围（十六进制） | 不同模式下访问 | | | |
|---|---|---|---|---|
| | 用户模式 | 管理模式 | 内核模式 | 调试模式 |
| FF4000000 ~ FFFFFFFF | | | | kseg3 |
| FF200000 ~ FF3FFFFF | | | kseg3 | dseg |
| E000 0000 ~ FF1FFFFF | | | | kseg3 |
| C000 0000 ~ DFFF FFFF | | sseg | kseg2 | kseg2 |
| A000 0000 ~ BFFF FFFF | | | kseg1 | kseg1 |
| 8000 0000 ~ 9FFF FFFF | | | kseg0 | kseg0 |
| 0000 0000 ~ 7FFF FFFF | useg | suseg | kuseg | kuseg |

地址空间从内存管理的角度分为映射、未映射和未映射未缓存：

Mapped 映射地址：是通过 TLB 或其他地址转换单元转换的地址。

Unmapped 未映射地址：是不通过 TLB 转换的地址，它提供了一个进入物理地址空间最低部分的窗口，从物理地址 0 开始，其大小对应于未映射段的大小。

Unmapped uncached：地址空间段 ksegn 归类到"未缓存"，对该段的引用将绕过缓存层次结构的所有级别，并允许直接访问存储器而不受缓存的任何干扰。

内存空间分段如图 4-21 所示。一个段可以有多个名字，不同模式访问会使用不同的名字。例如，段名"useg"表示来自用户模式的引用，而段名字"kuseg"表示来自内核模式的同一段的引用。

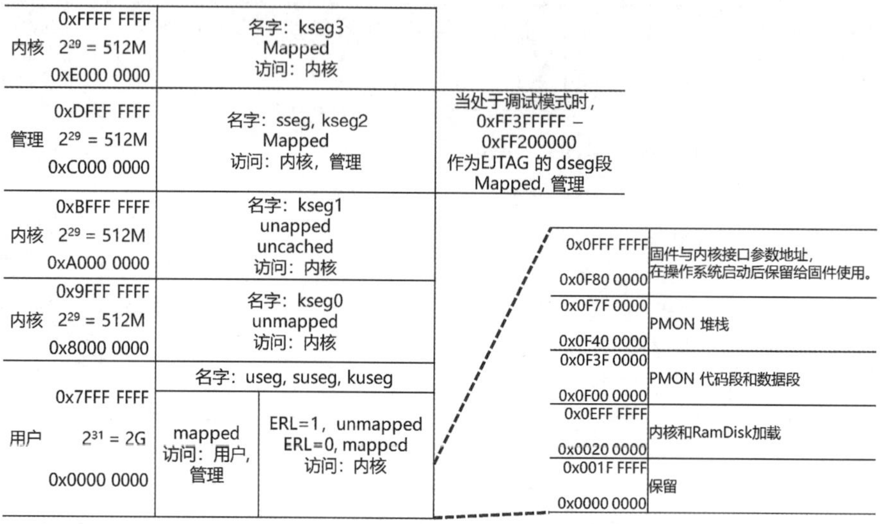

图 4-21 龙芯 1B 的段的示意图

图 4-21 中，

- 0x0FFF FFFF~0x0000 0000 的 256 MB 空间为低端内存空间。
- 0x0FFF FFFF~0x0F00 0000 是为固件 PMON 保留的 16M 空间。
- 0x001F FFFF~0x000 0000 为兼容老版本固件保留的 2M 地址空间。

地址空间的分配如表 4-8 所示。

表 4-8 龙芯 1B 的地址空间分配

| 龙芯 1B 总线分级结构 | 地址空间 | | |
|---|---|---|---|
| | AXI | | |
| | 地址空间 | 模块 | 说明 |
| 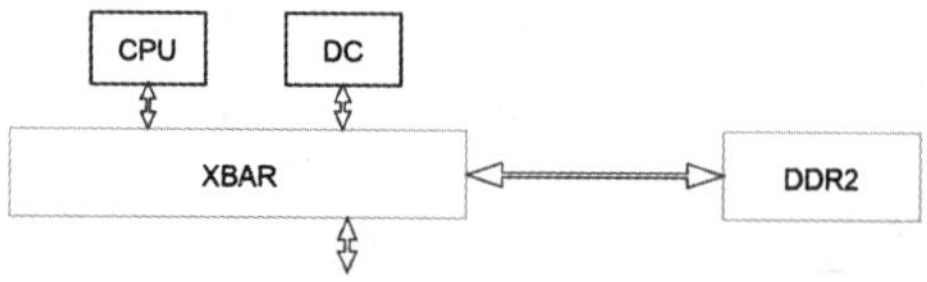 | 0x2000 0000~0x7FFF FFFF | | RESERVED |
| | 0x1F00 0000~0x1FFF FFFF | AXI MUX Slave | 16 MB |
| | 0x1C30 0000~0x1EFF FFFF | | RESERVED |
| | 0x1C20 0000~0x1C2F FFFF | DC Slave | 1 MB |
| | 0x1000 0000~0x1C19 FFFF | | RESERVED |
| | 0x0000 0000~0x0FFF FFFF | DDR | 256 MB |

| 龙芯 1B 总线分级结构 | 地址空间 |
|---|---|

**AXI MUX**

| 地址空间 | 模块 | 说明 |
|---|---|---|
| 0xBFF0 0000~0xBFFF FFFF | | RESERVED |
| 0xBFEC 0000~0xBFEF FFFF | SPI1－IO | 256 kB |
| 0xBFE8 0000~0xBFEB FFFF | SPI0－IO | 256 kB |
| 0xBFE4 0000~0xBFE7 FFFF | APB－devices | 256 kB |
| 0xBFE3 0000~0xBFE3 FFFF | | RESERVED |
| 0xBFE2 0000~0xBFE2 FFFF | GMAC1 | 64 kB |
| 0xBFE1 0000~0xBFE1 FFFF | GMAC0 | 64 kB |
| 0xBFE0 0000~0xBFE0 FFFF | USB | 64 kB |
| 0xBFD0 0000~0xBFDF FFFF | CONFREG | 1 MB |
| 0xBFC0 0000~0xBFCF FFFF | SPI0 | 1 MB |
| 0xBF80 0000~0xBFBF FFFF | SPI1－memory | 4 MB |
| 0xBF00 0000~0xBF7F FFFF | SPI0－memory | 8 MB |

SPI0 的 1 MB 也是 Boot 程序所在空间，可根据启动方式映射到 SPI Flash

**APB**

| 地址空间 | 模块 | 说明 |
|---|---|---|
| 0xBFE7 C000~0xBFE7 FFFF | UART5 | 16 kB |
| 0xBFE7 8000~0xBFE7 BFFF | NAND | 16 kB |
| 0xBFE7 4000~0xBFE7 7FFF | AC97 | 16 kB |
| 0xBFE7 0000~0xBFE7 3FFF | I2C－2 | 16 kB |
| 0xBFE6 C000~0xBFE6 FFFF | UART4 | 16 kB |
| 0xBFE6 8000~0xBFE6 BFFF | I2C－1 | 16 kB |
| 0xBFE6 4000~0xBFE6 7FFF | RTC | 16kB |
| 0xBFE6 0000~0xBFE6 3FFF | | RESERVED |
| 0xBFE5 C000~0xBFE5 FFFF | PWM | 16 kB |
| 0xBFE5 8000~0xBFE5 BFFF | I2C－0 | 16 kB |
| 0xBFE5 4000~0xBFE5 7FFF | CAN1 | 16 kB |
| 0xBFE5 0000~0xBFE5 3FFF | CAN0 | 16 kB |
| 0xBFE4 C000~0xBFE4 FFFF | UART3 | 16 kB |
| 0xBFE4 8000~0xBFE4 BFFF | UART2 | 16 kB |
| 0xBFE4 4000~0xBFE4 7FFF | UART1 | 16 kB |
| 0xBFE4 0000~0xBFE4 3FFF | UART0 | 16 kB |

## 4.4.3 地址空间访问

如图 4-22 所示,段 kseg1 中的 APB-devices,0xBFE40000 - 0xBFE7FFFF,设计为片上外设使用,以 4 个字节 32 位为一个单元,每一个单元对应不同的功能,控制这些单元就可以驱动外设工作。根据每个单元的功能给这个单元取一个别名,这个别名就是常说的控制寄存器名。例如地址为 0xBFE7C000-0xBFE7FFFF 取名为 UART5,即是 UART5 的控制寄存器。

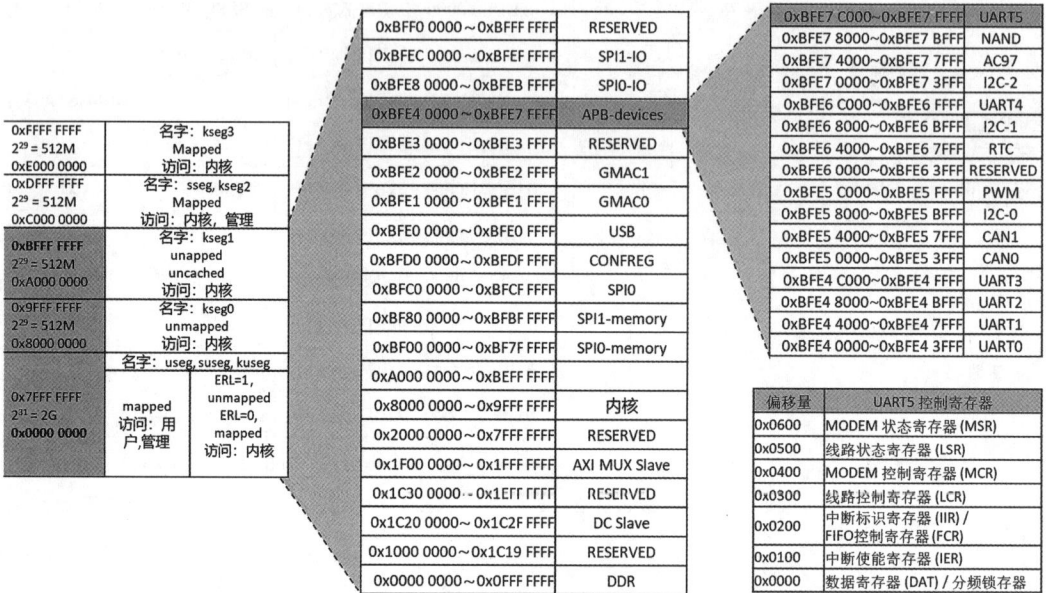

图 4-22　访问 UART5

这些寄存器的操作通常采用指针访问基地址+偏移量的方式。仍以 UART5 为例。

UART5 寄存器的起始地址是 0xBFE7C000,即是 UART5 控制寄存器的基地址,UART5 控制寄存器有 7 个组成部分,各部分的偏移量见图 4-22。例如线路控制寄存器 LCR 的偏移量为 0x0300,则线路控制寄存器 LCR 的起始地址是:

$$
\underset{\text{0xBFE7C300}}{\text{LCR 的起始地址}} = \underset{\text{0xBFE7C000}}{\text{UART5 控制寄存器基地址}} + \underset{\text{0x00000300}}{\text{LCR 偏移量}}
$$

进一步,往 LCR 中,即 0xBFE7C300 这个地址,写入数值 0x0A。可以通过 C 语言指针的操作方式来访问这个 LCR 寄存器。如下:

| #define LS1B_UART5_BASE　　　0xBFE7C000 | /* UART5 基地址。0xBFE7C000 - 0xBFE7FFFF = 16kB */ |
|---|---|
| #define NS16550_LINE_CONTROL　3 | /* 线路控制寄存器偏移量(NS16550 UART 控制器)*/ |
| *(unsigned int*)(LS1B_UART5_BASE+NS16550_LINE_CONTROL*0x0100) = 0x0A;<br>　　　　　　　　16 位地址值:基地址+偏移量 | |
| 地址值前加*,表示地址。<br>地址前加*,地址解引用,指针访问指针所指向的内存地址中的内容。 | |

## 思考与练习

4-1 存储器按存储和擦除原理,有哪些分类?

4-2 Cache 是什么类型的存储器,有什么特点?

4-3 存储器的数据线条数为 16 条,地址线条数为 20 条,那么此存储器的容量是多大?

4-4 说说你对几个地址的理解。

4-5 一个字存储时先存放低字节再存高字节,即低字节在低地址。这种存储格式是什么端序?

# 第5章

# 嵌入式系统软件基础

## 5.1 基本认识

软件(Software)是计算机系统中与硬件(Hardware)相互依存的另一部分。软件不等于代码,它包括程序(Program)、相关数据(Data)及其说明文档(Document)。

(1) 程序: 按照事先设计的功能和性能要求执行的指令序列;

(2) 数据: 程序能正常操纵信息的数据结构;

(3) 文档: 与程序开发维护和使用有关的各种图文资料。

### 5.1.1 分类与组成

嵌入式系统软件从作用和运行平台角度可分为开发软件和工具软件,如图 5-1 所示。开发软件是指为了实现一定的功能,在嵌入式系统上运行的软件,而工具软件是给嵌入式系统软件提供开发工具。本章所提及的嵌入式系统软件,如无特别说明,主要是指开发软件。

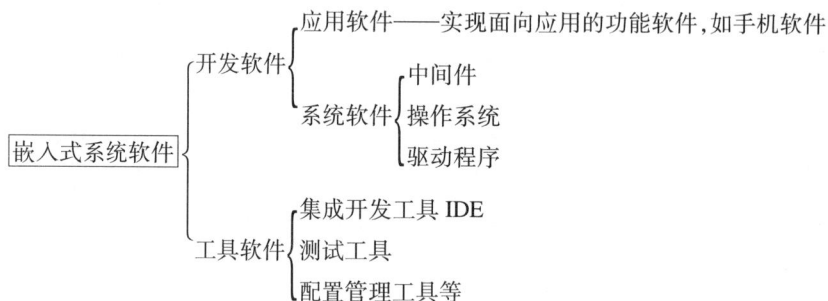

```
                        ┌ 应用软件——实现面向应用的功能软件,如手机软件
              ┌ 开发软件 ┤           ┌ 中间件
              │         └ 系统软件 ┤ 操作系统
嵌入式系统软件 ┤                    └ 驱动程序
              │         ┌ 集成开发工具 IDE
              └ 工具软件 ┤ 测试工具
                        └ 配置管理工具等
```

**图 5-1 嵌入式系统软件分类**

根据嵌入式系统软件对硬件和用户的远近操作,将其划分为应用层、中间件层、操作系统层和驱动层等。其中驱动程序和操作系统与中间件一起称为系统软件,如图 5-2 所示。

应用层包含了具体的应用程序,可实现系统的具体业务逻辑和功能,使得嵌入式系统能够完成特定的任务。如远程灯光控制、数据采集等。

中间件层位于操作系统和应用之间,提供对特定功能领域的支持和服务。为应用程序提供高层次的功能支持,包括通信、数据存储、界面设计等,降低了应用程序与底层硬件的耦合度,提高了系统的可移植性和可扩展性。中间件在分布式操作系统中使用更多,提供通信协议栈、数据库管理系统、图形界面库、远程过程调用(RPC)等功能。

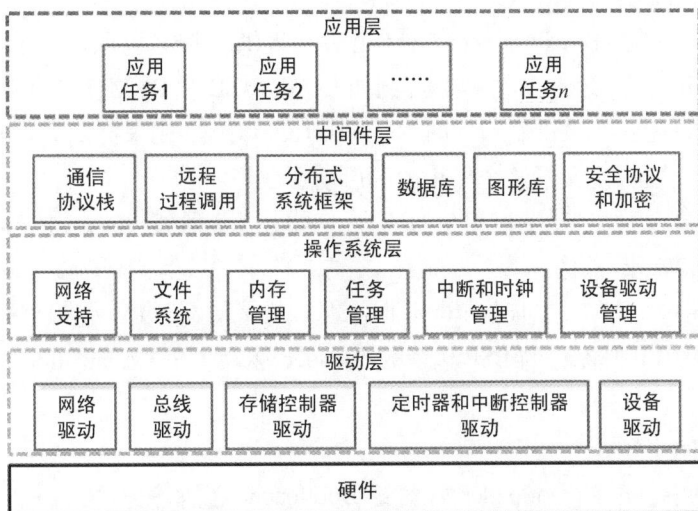

图 5-2　嵌入式系统软件的分层组成

操作系统层负责管理系统资源、支持应用程序的执行,提供对硬件资源的管理与调度,包括任务调度、内存管理、文件系统、网络协议栈等,为应用程序提供基本的运行环境。

硬件驱动层在嵌入式系统中扮演着关键的角色,用于与特定硬件设备进行通信。硬件驱动提供设备初始化和配置、硬件控制、抽象接口等功能,涵盖了与硬件设备相关的底层软件模块,如设备驱动程序、中断服务程序等,使得操作系统和应用程序能够以统一的方式进行硬件设备的访问和使用。

设备初始化和配置负责对硬件设备进行初始化和配置,确保硬件能够按照要求进行正确的工作。硬件控制负责对硬件设备进行各种操作和控制,包括发送命令、读取数据、进行状态检测等,以满足软件的需求。抽象接口通过提供统一的、抽象的接口,屏蔽硬件细节,使得操作系统和应用程序能够方便地与各种硬件设备进行交互和操作。通过硬件驱动提供的接口,应用程序可以访问硬件设备,实现对硬件的操作和控制,如读写文件到存储设备、发送数据到网络设备等。

## 5.1.2　BSP 和 Bootloader 及 Boot

### 1) BSP

板级支持包(BSP)是针对特定嵌入式硬件平台或开发板的软件支持包。BSP 通常包含以基础支持代码来加载操作系统的引导程序(Bootloader)和主板上所有设备的驱动程序。一些供应商还会提供一套根文件系统,用于构建运行在该嵌入式系统上的程序的工具链(Toolchain),以及(在运行过程中)配置设备的实用工具。

BSP 一词通常被认为来源于风河公司(Wind River Systems)的 VxWorks 嵌入式操作系统,不过现在已经广泛的在业界使用。BSP 通常是针对特定硬件平台的,不同的处理器架构或板级硬件可能需要不同的 BSP。

例如,风河公司为 ARM Integrator 920T 开发板提供的 BSP 包含以下部分。

(1) config. h 文件,定义了一些常量,例如 ROM_SIZE 和 RAM_HIGH_ADRS。

(2) Makefile,定义了二进制版本的 VxWorksROM 映像,用来提供给对闪存编程。

(3) bootrom 文件,定义了这个板相关的启动参数等。

(4) target. ref 文件,描述了板相关的信息,例如开关和跳线设置,中断等。

(5) 一个 VxWorks 映像。

(6) C 代码的驱动,如开发板的 ROM 的驱动、闪存的驱动、TTY 的驱动等。

而 Windows CE 操作系统的 BSP 包含 bootloader、驱动、OEM Adaptation Layer(OAL)、配置文件等。

### 2) Bootloader

通常在 BSP 中包含有 bootloader,在讨论 Bootloader 之前,先回顾一个与其密切相关的概念:BootROM。

BootROM 是存储在芯片内部的只读存储器中的启动程序,可以在芯片外部,也可以在芯片内部,它是系统上电后最先执行的代码。BootROM 的作用是进行基本的系统初始化,加载引导加载程序(Bootloader)或者操作系统的启动代码到系统内存 SRAM 中。BootROM 通常由芯片厂商提供,并在芯片制造时被固化进去,无法被修改。需要注意的是,并不是每个芯片都有 BootROM,有的芯片会在硬件内部集成 BootROM,用于系统上电后最先执行的引导程序。它可以看作是 BootLoader 的引导程序,或者是 Bootloader 最开始的一部分。

Bootloader 是嵌入式系统的引导加载程序,引导系统的启动。在有 BootROM 的系统中,Bootloader 由 BootROM 引导启动。系统不一定有一个 Bootloader 名字的文件,它通常由一个或多个可执行程序文件组成,是嵌入式系统在加电后执行的第一段代码。在系统上电后,Bootloader 首先负责对系统进行初始化,包括处理器、内存、外设等的初始化和配置、建立内存空间映射等。接着,如果有操作系统,Bootloader 会加载操作系统的内核和其他必要的程序到内存中,并将控制权交给操作系统,完成系统的启动过程。

嵌入式系统的 Bootloader 和 PC 的 BIOS(Basic Input/Output System)功能相当。BIOS 是 PC 的基本输入/输出系统,是一组固化到计算机内主板上一个 ROM 芯片上的程序(. bin,. rom 等),它保存着计算机最重要的基本输入/输出的程序、开机后自检程序和系统自启动程序。BIOS 在计算机上电后首先执行,主要任务是初始化硬件、执行系统自检并引导加载操作系统,此外还提供基本的输入/输出功能,用于管理和控制计算机的硬件设备。

那么常听到的 U-Boot 又是什么?

U-Boot(Universal Bootloader)是一款常用的开源引导加载程序,广泛应用于嵌入式系统和嵌入式设备中,可以支持多种不同的计算机系统结构,包括 ARM、MIPS、x86 等。它也是一种 Bootloader。

### 3) Boot

Boot 是个动词,启动的意思。Bootloader 启动大多数都分为两个阶段。

第一阶段主要包含依赖于 CPU 的体系结构硬件初始化的代码,通常都用汇编语言来实现。这个阶段的任务有:

(1) CPU 的初始化。

(2) 基本的硬件设备初始化。

(3) 为第二阶段准备 RAM 空间。

(4) 如果是从某个固态存储媒介中启动,则复制 Bootloader 的第二阶段代码到 RAM。

(5) 设置堆栈。

(6) 跳转到第二阶段的 C 程序入口点。

这一阶段的初始化中会屏蔽所有的中断、关闭处理器内部指令/数据 Cache 等。那么为什么要关闭 Cache? 通常使用 Cache 以及写缓冲是为了提高系统性能,但由于使用 Cache 可能会改变访问主存的数量、类型和时间,因此 Bootloader 通常是不需要的。

第二阶段通常用 C 语言完成,以便实现更复杂的功能,也使程序有更好的可读性和可移植性。这个阶段的任务有:

(1) 初始化本阶段要使用到的硬件设备。

(2) 检测系统内存映射。

(3) 将操作系统内核映像和根文件系统映像从 Flash 读到 RAM。

(4) 为操作系统内核设置启动参数。

(5) 调用操作系统内核。

Bootloader 的具体启动流程如图 5-3 所示。

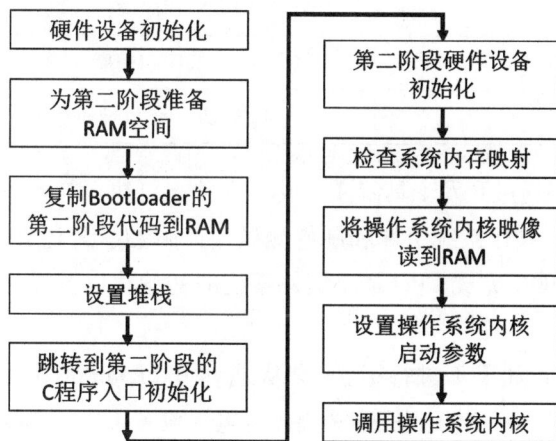

图 5-3　Bootloader 的启动流程

## 5.1.3　龙芯 1B 的 PMON

PMON(Processor Monitor)是 MIPS CPU 的 BIOS,是一个兼有 BIOS 和 Bootloader 部分

功能的开放源码软件,可以在 MIPS、ARM、PowerPC 等不同平台上使用。它源自 FreeBSD (Berkeley Software Distribution)并经过了针对不同处理器架构的适配和优化。在龙芯处理器中,PMON 负责进行系统的引导和初始化,包括硬件初始化、加载操作系统内核、驱动程序等。PMON 在龙芯处理器上进行了针对性的适配和完善,以满足龙芯处理器系列的需求。

PMON 源文件目录中包含许多子目录,其目录名称及作用如表 5-1 所示。

表 5-1　PMON 的目录

| 目录名称 | 作用 |
| --- | --- |
| conf | 通用配置文件 |
| Doc | 文档 |
| Examples | 程序示例 |
| fb | SiS 显卡驱动、图形 Logo 及代码 |
| include | 通用头文件 |
| lib | 库文件 libe、libm、libz |
| pmon | PMON 主体源代码 |
| sys | 系统内核基础代码,部分驱动代码目标文件 |
| targets | 板级的配置文件、头文件、源文件 |
| tools | 编译工具软件 |
| x86emu | 模拟程序源代码 |
| zloader | 解压缩程序 |
| zloader.xxx | 指向 zloader 目录的链接 |

PMON 的代码程序通过开发工具编译生成一个独立可执行文件,它具有强大而丰富的功能,包括硬件初始化、操作系统引导和硬件测试、程序调式等,还支持系统软件升级。在嵌入式系统启动时,PMON 完成 CPU 最小硬件系统的初始化以及操作系统程序的加载,并提供命令行接口。

龙芯处理器上电后,如果不进行干预,会从地址 0xbfc00000 开始执行默认的 PMON 引导程序。PMON 首先进行底层的硬件初始化,包括设置 CPU 核心、初始化内存控制器和内存(DDR)、配置系统总线,以及对关键外设如串口、键盘等进行基础检测和设置。完成这些初始化工作后,PMON 会启动其命令行解释器,并最终显示 PMON 的交互提示符"PMON>"。

这时可以通过串口输入命令使用 PMON 的各种功能,如:PMON>h,可列出当前 PMON 使能的所有命令;PMON>h load,可查看具体命令 load 的用法。PMON 启动时可以把主体二进制文件复制到 RAM(重映射)。PMON 的命令详见《龙芯 CPU 开发系统 PMON 固件开发规范》。PMON 引导执行的文件从 0xbfc00000 处开始,这是龙芯 1B 的 start. S 的入口。

## 5.1.4 龙芯 1B 的 start. S

龙芯 1B 的 PMON 和 U-Boot 类似有两个阶段,第一阶段由若干汇编文件完成,由 start. S 开始,其主要功能如下:

- 定义入口。一个可执行的 image 必须有一个入口点,并且只能有一个全局入口,通常这个入口放在 ROM 的 0x0 地址,因此,必须通知编译器以使其知道这个入口,该工作可通过修改连接器脚本(ld. script)来完成,对应的文件是:start. S。
- 设置异常向量(Exception Vector),对应的文件是:irq_s. S。
- 设置 CPU 的速度、时钟频率及中断控制寄存器,对应的文件是:mips_timer. S。
- 初始化内存管理,对应的文件是:tlb. S。
- 初始化堆栈,对应的文件是:stackframe. h。

接下来进入第二阶段,如果没有操作系统,则启动设备驱动,对应的文件是:bsp_start. c。

如果有操作系统,则启动相应的操作系统启动程序,调用一系列初始化函数。

| 没有操作系统的 start. S | ```<br>/* Typical standalone start up code required for MIPS32 */<br><br># include "regdef. h"<br># include "cpu. h"<br># include "asm. h"<br><br>    .extern _fbss, 4              /* The name in ld. script */<br>    .extern _end, 4               /* The name in ld. script */<br>    .extern _stack_start, 4       /* The name in ld. script */<br>    .extern _stack_end, 4         /* The name in ld. script */<br><br>    .lcomm  memory_cfg_struct, 12  /* 1st: 4 bytes, memory size<br>                                      2st: 4 bytes, icache size<br>                                      3th: 4 bytes, dcache size<br>                                   */<br>//*********************************************************************<br>FRAME(_start, sp, 0, ra)<br>    .set    noreorder<br>/* ... ... ... ... ... ... */<br>/* ... ... ... ... ... ... */<br><br>/* End of CPU initialization, ready to start kernel */<br>    move    a0, zero                /* Set argc passed to main */<br>    jal     bsp_start<br>``` |
| --- | --- |

（续表）

| | |
|---|---|
| 没有操作系统的<br>start.S | ```<br>nop<br>/* Kernel has been shutdown, jump to the "exit" routine<br> */<br>        jal       _sys_exit<br>        move      a0, v0                        # pass through the exit code<br>1:<br>        beq       zero, zero, 1b<br>        nop<br><br>        .set      reorder<br>ENDFRAME(_start)<br>``` |
| 有操作系统的<br>start.S<br>（操作系统是 RTT） | ```<br>/* Typical standalone start up code required for MIPS32 */<br><br>#include "regdef.h"<br>#include "cpu.h"<br>#include "asm.h"<br><br>        .extern _fbss, 4                          /* The name in ld.script */<br>        .extern _end, 4                           /* The name in ld.script */<br>        .extern _stack_start, 4                    /* The name in ld.script */<br>        .extern _stack_end, 4                      /* The name in ld.script */<br><br>        .lcomm  memory_cfg_struct, 12              /* 1st: 4 bytes, memory size<br>                                                      2st: 4 bytes, icache size<br>                                                      3th: 4 bytes, dcache size<br>                                                   */<br>// ********************************************************************<br>FRAME(_start, sp, 0, ra)<br>        .set      noreorder<br>/* ... ... ... ... ... ... */<br>/* ... ... ... ... ... ... */<br><br>/* End of CPU initialization, ready to start kernel */<br>        move    a0, zero                        /* Set argc passed to main */<br>        jal     rtthread_start                  /* RTT */<br>nop<br>/* Kernel has been shutdown, jump to the "exit" routine<br> */<br>        jal       _sys_exit<br>        move      a0, v0                        # pass through the exit code<br>8:<br>        beq       zero, zero,8b<br>        nop<br><br>        .set      reorder<br>        .set      mips32<br>ENDFRAME(_start)<br>``` |

## 5.2 软件开发过程

嵌入式系统软件开发步骤与 PC 软件开发相似。但与 PC 软件开发不同的是,嵌入式软件开发需要交叉开发环境,生成可执行的目标文件后,需将文件下载到目标硬件中才能运行功能。

### 5.2.1 交叉开发环境

所谓交叉开发是指在一种操作系统下开发,在另一种不同体系结构上运行的软件开发过程。一般来说,先在一台通用 PC 上进行软件的编辑、编译与链接,然后再将软件下载到嵌入式设备中运行调试,或烧录到嵌入式设备中运行。通用 PC 称为宿主机,嵌入式设备称为目标机。宿主机与目标机之间存在两条连接路径:物理连接和逻辑连接。物理连接是宿主机与目标机连接的物理线路,连接方式主要有三种:串口、网口和 OCD(On Chip Debug)接口,OCD 接口如 JTAG 等;逻辑连接是宿主机与目标机之间按某种通信协议建立起来的通信连接。交叉开发环境是指宿主机、目标机和用于交叉开发的所有基本工具软件的集合,如图 5-4 所示。

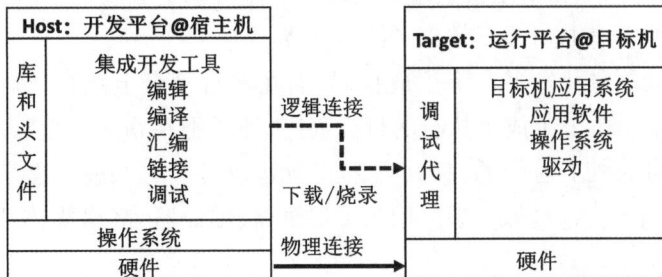

图 5-4 交叉开发环境

交叉开发环境中几个主要的组成包括:

(1)库和头文件:目标平台的库文件和头文件,用于编译和链接目标平台的应用程序。

(2)交叉编译器:由于目标平台与开发主机的体系结构和操作系统不同,因此需要专门的交叉编译器,使得在开发主机上生成的代码可以在目标平台上执行。

(3)交叉调试器:可以在开发主机上对目标平台软件进行调试的工具。它可以连接目标设备上运行的程序,在开发主机上对其进行源代码级别的调试。

(4)调试代理(Debug Agent)是一种辅助工具,连接目标机,收集调试信息,控制程序的执行。调试代理可以是软件工具或硬件工具,目前大多已集成到集成开发环境中的调试功能中,软件工具如 IDE 中的调试功能,硬件工具如 JTAG 调试器。

宿主机(Host)一般为 PC 机(或者工作站),具备丰富的软硬件资源,可为嵌入式软件的开发提供全过程支持。目标机(Target)是嵌入式软件的运行环境,其软硬件均是为特定应用定制的。在宿主机上编译好的可执行文件,会通过物理和逻辑连接,下载或烧录到目标机硬件中。其中下载是指传输到目标硬件中的存储器或 RAM 中,主要为开发调试使用;而烧录一般指写入目标硬件的非易失性存储介质中。

嵌入式软件开发,一般需要在宿主机上生成可执行目标文件,再下载到目标机上进行调试,然后进行在线仿真或离线的运行测试,最后才能烧录固化到目标机中,如图 5-5 所示。其中编译生成、调试都是在集成开发环境中进行,也分别称作交叉编译、交叉调试。

图 5-5　嵌入式软件开发步骤

## 5.2.2　交叉编译

嵌入式软件开发,从在宿主机上编辑程序到生成可以下载或烧录的目标程序的过程,包括了若干步骤,需要集成开发环境工具链的支持。

其中编译生成是在开发平台上生成代码,而在运行平台上执行代码,又称作交叉编译。交叉编译在宿主机上生成可执行的目标程序,即是把在宿主机上编写的高级语言程序编译成可以在目标机上运行的代码(嵌入式微处理器上的二进制程序)。它包括了编辑、预处理、编译、汇编、链接等步骤。用到了编辑器、编译器、汇编器、链接器等,如图 5-6 所示。

图 5-6　交叉编译步骤图

(1) 编辑(Editing):源代码程序的编写,.c 和.h 文件等。

(2) 预处理(Preprocessing):代码编译前的文本替换,预处理器会执行诸如宏替换、条件编译、头文件包含等操作,生成一个纯粹的 C 或 C++源码文件,称作扩展源文件。这个文件包含了所有的头文件、宏替换等操作后的源码,并且去除了所有的注释。C 语言预编译后生成.i 文件,C++预编译后生成.ii 文件。

(3) 编译(Compilation):将高级语言源代码(如 C、C++等)转换为低级语言(通常是机器代码)。编译过程通过编译器完成,包括了词法分析、语法分析、语义分析、优化和代码生成等多个阶段,生成汇编指令.s。

（4）汇编（Assembling）：汇编的主要任务包括将汇编指令翻译成机器指令，处理地址和符号引用，以及生成与特定硬件平台相关的目标文件格式。它将编译完的汇编代码文件翻译成机器指令，并生成目标程序的.o 文件。

（5）链接（Linking）：当编译器生成多个目标文件时，这些目标文件之间存在着相互引用关系，而链接器的作用就是解决这些引用关系，将它们整合成一个单一的、可执行的程序。链接包括解析符号引用、符号重定位、地址填充、生成符号表等操作。将不同的目标文件（通常以.o 为扩展名）和库文件链接在一起，生成最终的可执行文件或者库文件.exe，.out 等。

## 5.2.3　交叉调试

交叉调试是指用一个运行在宿主机上的调试器（Debugger）和一个连接到目标嵌入式系统的调试代理（Debug Agent），来对目标机上的软件进行调试。这种调试方式允许在宿主机上进行嵌入式系统软件的调试，而无须将调试器直接运行在目标设备上。

在交叉调试中，宿主机上的调试器通过调试代理与目标嵌入式系统进行通信，收集调试信息，并控制目标设备上的程序执行。交叉调试需要确保调试器和调试代理能够正确地解释目标平台的指令集、符号信息以及调试信息。

交叉调试与 PC 机上开发软件的非交叉调试有明显不同，二者的区别如表 5-2 所示。

表 5-2　交叉调试和非交叉调试的比较

| 交叉调试 | 非交叉调试 |
| --- | --- |
| 调试器和被调试程序运行在不同的计算机上 | 调试器和被调试程序运行在同一台计算机上 |
| 可独立运行，无须操作系统支持 | 需要操作系统支持 |
| 被调试程序的装置由调试器完成 | 被调试程序的装置由专门的 Loader 程序完成 |
| 需要通过外部通信来控制被调试程序 | 不需要通过外部通信来控制被调试程序 |
| 可以直接调试不同指令集的程序 | 只能直接调试相同指令集的程序 |

交叉调试时，使用宿主机上的调试器调试目标机上的程序，调试器通过某种方式能控制目标机上被调试程序的运行，通过调试器能查看和修改目标机上的内存、寄存器以及被调试程序中的变量等。

在嵌入式系统开发中，交叉调试（Cross Debugging）是常用的调试手段，而 ROM Monitor、在线仿真（In-Circuit Emulator，ICE）和片上调试（On-Chip Debugging，OCD）是三种常见的调试技术。

（1）ROM Monitor

ROM Monitor 是被固化在目标机的 ROM 中且目标机复位后首先被执行的一段程序。负责监控目标机上被调试程序的运行，可以与宿主机端的调试器一起完成对应用程序的调试。ROM Monitor 通过串口、以太网或其他通信接口与宿主机调试器（如 GDB）通信，允许开发者在目标系统上执行调试操作。

ROM Monitor 的调试方法由宿主机端的调试器、目标机端的监视器（ROM Monitor）以及二者间的连接（包括物理连接和逻辑连接）构成。在不需要调试时，ROM Monitor 不需要特别操作，在系统启动时会先被运行。在需要调试时则需要与调试器建立物理连接和逻辑连接，如图 5-7 所示。即宿主机与目标机通过调试器建立物理连接和逻辑连接。

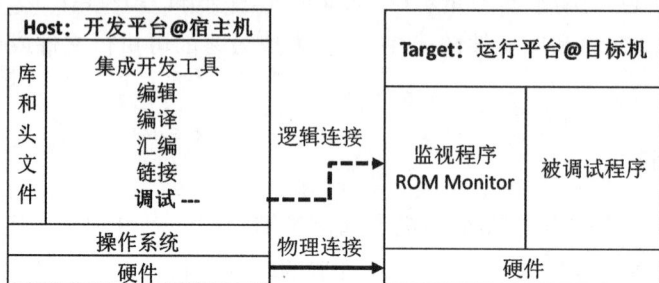

图 5-7 ROM Monitor 物理和逻辑连接

物理链接是指使用特定的调试接口，将调试器连接到目标设备的调试接口上，如 JTAG 口、网口等。逻辑链接则是指通过软件和协议层面将调试器与设备连接起来，使得调试器可以与设备的 ROM Monitor 进行通信。调试状态下，ROM Monitor 根据宿主机端的命令，可以执行对目标机系统内存的读写、对寄存器的读写、查看和编辑配置信息、文件系统检查、内存测试等。

典型的 ROM Monitor 工具有 U-Boot 和 RedBoot。U-Boot 是一个常用的 Bootloader，支持 ROM Monitor 功能，可以通过串口与主机通信，进行内存读写、寄存器查看等操作；RedBoot 是一个嵌入式系统的调试工具，可提供类似 ROM Monitor 的功能。

（2）ICE（In-Circuit Emulator）

ICE 是一种硬件设备，用于替代目标系统的 CPU 或微控制器。它通过仿真目标 CPU 的行为，提供对目标系统的完全控制和调试能力。它是较为有效的嵌入式系统调试方式，尤其适合调试实时应用系统、硬件设备驱动程序以及对硬件进行功能测试。目前一般用于低速和中速的嵌入式系统。

调试时，需要将目标板上的处理器拔下，用仿真器上的 CPU（仿真头）替代。如图 5-8 所示。在宿主机上运行调试软件，通过调试接口与仿真器通信，对目标系统进行调试。仿真器提供强大的调试功能（如实时断点、寄存器查看和修改等），使得开发者可以在宿主机上方便地控制和监控目标系统的运行状态。典型的 ICE 工具有 ARM 公司推出的在线仿真器 ARM RealView ICE，支持 ARM 处理器的实时调试；以及 Lauterbach TRACE32，一种常用的支持多种处理器架构的 ICE 工具。

（3）OCD（On Chip Debugging）

OCD 是指在芯片上进行调试和故障排除的技术。它是一种在芯片级别实现调试操作的方法，调试器和被调试的程序都在同一个处理器上，所以称作 On Chip 调试。通常通过调

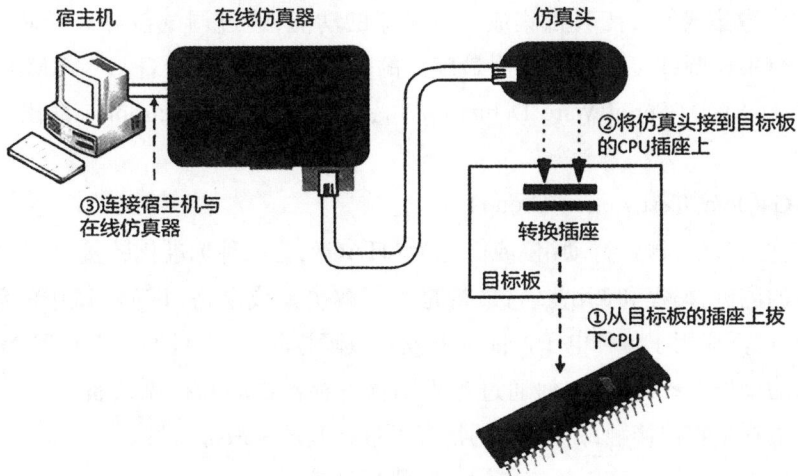

图 5-8　ICE 的连接

试接口(如 JTAG)与芯片内置的调试模块进行通信,以实现对芯片内部状态及其周边环境的实时观察、控制和调试。

OCD 的实现实际上是在软件中编写一些特定的指令,例如打断点,再通过调试器可以直接向目标机发送要执行的指令,读写目标机的内存和各种寄存器,控制目标程序的运行。

若在一个需要调试的应用程序中设置了一个断点,当执行到这个断点所在的位置时,处理器会触发一个异常。这个异常会导致处理器从用户模式(应用程序运行的模式)切换到内核模式,这个过程叫作"trap 到内核中"或"陷入内核"。一旦处理器陷入内核,处理器并不停止运行,它会调用调试器功能与用户进行交互;调试器通过处理器在内核模式的运行可以获得内存和寄存器中的信息,还可以控制程序进行单步执行指令等操作。

这种调试过程中,处理器从来没有停止过,本质上处理器也不知道自己被调试,只是在执行指令。

OCD 的物理和逻辑连接如图 5-9 所示。

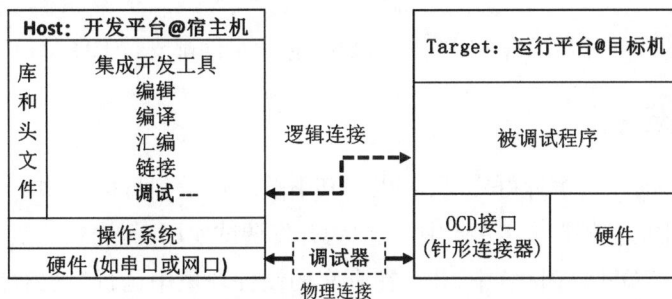

图 5-9　OCD 的物理和逻辑连接

目前大多数集成开发工具都集成了调试器的功能,通过调试器可以与芯片的调试接口进行连接,OCD 调试接口目前应用最广泛的是 JTAG 口、EJTAG 口、ARM Cortex-M 微控制器支持的 SWD(Serial Wire Debug)接口,以及 STMicroelectronics 推出的调试工具 ST-Link 等。

① JTAG (Joint Test Action Group)

通常被称为"联合测试行动组"或简称为"JTAG",是一种标准化的接口和协议,主要用于电子设备的测试、编程和调试。它最初是为了解决集成电路(IC)测试中的问题而开发的,现在已经广泛应用于各种电子产品的开发和故障排除。JTAG 标准(IEEE 1149.1)定义了边界扫描的操作方式,包括如何通过边界扫描寄存器访问和控制设备的引脚,这一技术允许开发人员在不直接接触每个引脚的情况下进行测试和故障排查。

JTAG(IEEE 1149.1)/SWD 接口的引脚描述见表 5-3。

**表 5-3　JTAG(IEEE 1149.1)/SWD 接口的引脚描述表**

| 引脚 | 描述 |
| --- | --- |
| TCK/SWCLK | 同步 JTAG 端口逻辑操作的时钟输入 |
| TMS/SWDIO | 测试模式选择输入,在 TCK 的上升沿被采样到内部状态控制器(TAP 控制器)序列 |
| TDI | 输入测试数据流,在 TCK 的上升沿被采样 |
| TDO | 输出测试数据流,在 TCK 的下降沿被采样 |
| TRST | 低位有效的异步复位 |

② EJTAG (Enhanced Joint Test Action Group)

EJTAG 是 MIPS 公司根据 IEEE 1149.1 协议的基本构造和功能扩展而制定的规范,是一个硬件/软件子系统,在处理器内部实现了一套基于硬件的调试特性,用于支持片上调试。EJTAG 接口利用 JTAG 的 TAP(Test Access Port)访问方式,将测试数据传入或者传出处理器核。

所有 MIPS 的微处理器或含 MIPS 核的 SoC 芯片组件都支持 EJTAG 的调试。

## 5.2.4　下载和烧录

当可执行的目标文件编译好之后,可以将其下载或烧录到目标机中。下载是指将文件传输到目标硬件中的存储器或 RAM 中,主要为开发调试使用;而烧录一般指将文件写入非易失性存储器(如 ROM 或闪存)中,并且在真实的硬件环境中运行。也有用调试下载和固化烧录的说法对二者进行区分。

调试下载和固化烧录在代码的定位和运行时的初始化等方面均有区别,见表 5-4。

表 5-4　调试下载和固化烧录的区别表

| 阶段 | 调试下载 | 固化烧录 |
|---|---|---|
| 编译 | 目标文件需要调试信息 | 目标文件不需要调试信息 |
| 链接 | 应用系统目标代码不需要 Boot 模块,此模块已由目标板上的监控器程序实现 | 应用系统目标代码必须以 Boot 模块作为入口模块 |
| 定位 | 程序的所有代码段、数据段都依次被定位到调试空间的 RAM 中 | 程序的各逻辑段按照其不同的属性分别定位到非易失性存储空间(ROM)或 RAM 中 |
| 下载 | 宿主机上的调试器读入被调试文件,并将其下载到目标机上的调试空间中,目标机掉电后所有信息全部丢失 | 在宿主机上利用固化工具将可固化的应用程序写入目标机的非易失性存储器中,目标机掉电后信息不丢失 |
| 运行 | 被调试程序在目标监控器的控制下运行,并与后者共享某些资源,如 CPU 资源、RAM 资源以及通信设备(如串口、网口等)资源 | 程序在真实的目标硬件环境中运行 |

# 5.3　龙芯 1B 源代码到可执行文件

## 5.3.1　工具链

说到工具链,首先要介绍一下 GNU 工具链。它是一套工具集合,可以用于嵌入式系统开发、操作系统开发和应用程序开发。它包括编译器(如 GCC)、汇编器、链接器、调试器以及其他与软件开发相关的工具编译器 GCC(GNU Compiler Collection)是工具链的核心,它是一个用于编译多种编程语言的集合,包括 C、C++等。

GUN 的名称起源于 1983 年 9 月 27 日 Richard Stallman 公开发起的自由软件运动,旨在开发一套完全自由的类 Unix 操作系统,称之为 GNU 计划,计划的口号是"GNU′s Not Unix!"。众多的处理器厂家都对 GNU 工具链提供了支持,使其成为嵌入式软件开发中最流行的工具集。

Loongson IDE(Integrated Development Environment)就是龙芯支持 GUN 工具链的集成开发环境;其中 SDE Lite (Software Development Environment)是 MIPS 提供的免费下载的 IDE 子集。Loongson IDE 具有以下特点:

(1)支持 1B、1C、1C101、1J。支持裸机编程,内置已移植好的 RT-Thread、FreeRTOS、μCOS-II 等实时操作系统。

(2)通过向导创建项目,根据选项自动生成项目框架代码。

(3)新建项目时提供文件系统 YAFFS2、网络协议栈 lwIP、图形界面 SimpleGUI 等第三方代码库的移植。

（4）具有完善的 1B 芯片驱动程序库，并采用统一的格式编写。

（5）帮助菜单里内置帮助文档和 1B 编程参考手册。

（6）项目调试时自动下载到 1B 开发板内存，提供断点、单步等图形界面下的调试操作。

（7）提供烧录 NOR Flash/NAND Flash 等功能操作。

（8）工具栏中的 MCU 硬件设计助手提供复用引脚配置的直观图形操作界面。

Loongson IDE 工具链的组成可以通过菜单 Tools→GNU C/C++ Toolchain Manager：Embedded SDE 中找到。如图 5-10 所示，其说明见表 5-5。其中，编译工具有：GCC（GNU Compiler Collection）、glibc（GNU C Library）、Binutils（GNU binary utilities）；调试工具有：GNU Remote debugger（GDB）。

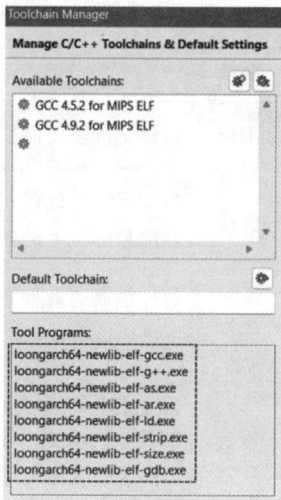

图 5-10　Loongson IDE
工具链

表 5-5　Loongson IDE 中的工具链表

| 工具软件 | 作用 |
| --- | --- |
| mips-sde-elf-gcc | 支持 MIPS 的 SDE 版本的 C 语言编译器 |
| mips-sde-elf-g++ | 支持 MIPS 的 GNU C++编译器 |
| mips-sde-elf-as | 支持 MIPS 的 GNU 汇编器 |
| mips-sde-elf-ar | 目标代码的归档库管理器。用于生成静态库/归档库 |
| mips-sde-elf-ld | GNU 链接器。主要用于确定相对地址，把多个 object 文件、起始代码段、库等链接起来，并最终形成一个可执行文件 |
| mips-sde-elf-strip | 删除目标文件中的全部或者特定符号 |
| mips-sde-elf-size | 列出目标文件每一段的大小以及总体的大小 |
| mips-sde-elf-gdb | GNU 调试器。调试器有一个可选的图形用户界面，称为 Insight |

编译过程与前面章节中介绍的交叉编译一样，包括四步：预处理、编译、汇编和链接，如图 5-11 所示。

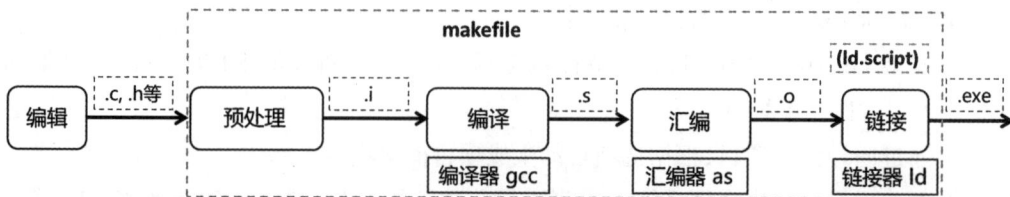

图 5-11　编译的步骤

Makefile 文件描述了整个工程的编译、链接等规则,ld. script 是 makefile 调用的链接脚本。

那么编译好的文件放在哪里呢? 我们先来看一下龙芯集成开发环境下的工程目录。新建一个名为 example 的工程,则会在开发工具中看到如表 5-6 所示的工程目录。

表 5-6　LoongIDE 的工程目录表

| | 目录名称 | 作用 |
|---|---|---|
| Project Explorer<br>▲ 📂 example<br>　▶ 🗂 build<br>　▶ 🗂 includes<br>　▶ 📂 core<br>　▶ 📂 include<br>　▶ 📂 libc<br>　▶ 📂 ls1x-drv<br>　▶ 📂 src | build | 存放编译生成的文件 |
| | includes | 工具链所在路径 |
| | core | 处理器核相关文件,如启动文件和 MIPS 相关文件 |
| | include | 通用头文件 |
| | libc | 库文件,开发工具自带的可直接调用的应用函数库 |
| | ls1x-drv | 开发板设备的通用驱动,包含 LS1B 所有控制器 |
| | src | 应用功能源文件 |

集成开发环境中的工程路径是由 IDE 本身生成的。当用户创建一个新项目或打开一个现有项目时,IDE 会根据用户的操作和设定来创建工程目录和文件结构。IDE 自身会根据用户在界面上输入的设置和选择,生成相应的文件夹结构、配置文件等,并在该结构下存放源代码、可执行文件、库文件以及其他编译生成的文件。编译后,会产生一个"build"目录,这里就存放着编译生成的目标文件和可执行文件。

## 5.3.2　Makefile

Makefile 文件描述了整个工程的编译、链接等规则。它通常包含编译、汇编、链接等构建步骤的规则,并定义了项目中各源文件之间的依赖关系。Makefile 使用 Make 工具来读取并执行其中的规则,以自动地执行项目的编译和构建命名。在 Makefile 中,通常会包括以下内容:

(1) 目标(Target):构建过程中要生成的文件,如可执行文件、库文件等。

(2) 依赖(Dependency):目标所依赖的源文件、中间文件等。

(3) 规则(Rules):定义了如何从源文件生成目标文件的步骤,通常包括编译、汇编、链接等操作。

(4) 变量(Variables):用于存储编译器、编译选项、源文件列表等信息的变量。

(5) 隐含规则(Implicit Rules):Make 工具提供的默认规则,允许开发人员不必显式地定义所有目标的构建。

通过编写 Makefile,开发者可以方便地描述项目的构建过程,配置编译器选项,管理源文件依赖关系,以及定义一键构建、清理等常用任务,从而提高项目的可维护性和可重复性,实现自动化编译。

Makefile 的格式为：

```
target：dependency_files
    command
```

例如：该程序有 mytool1. h、mytool2. h、mytool1. c、mytool2. c 等文件需要编译。
编写 Makefile 文件：

```
main：main. o mytool1. o mytool2. o
    gcc -o main main. o mytool1. o mytool2. o
main. o：main. c
    gcc -c main. c
mytool1. o：mytool1. c mytool1. h
    gcc -c mytool1. c
mytool2. o：mytool2. c mytool2. h
    gcc -c mytool2. c
```

再次运行 make，make 会自动检查相关文件的时间戳。

在检查"main. o""mytool1. o"和"mytool2. o"这 3 个文件的时间戳之前，make 会向下查找那些把"main. o""mytool1. o"或"mytool2. o"作为目标文件的文件时间戳。如果这些文件中任何一个的时间戳比它们新，则用 gcc 命令将此义件重新编译。这样，make 就完成了自动检查时间戳的工作，开始执行编译工作。这就是 Make 工作的基本流程。

龙芯开发工具中的 Makefile 在工程的 Build 目录中，用文本编辑器打开可以看到使用到的工具链和输出的文件(表 5-7)。

表 5-7　龙芯 1B 的 Makefile

| makefile. mk | 说明 |
| --- | --- |
| #Auto-generated file. Do not edit! | 该文件是开发自动生成 |
| GCC_SPECS ：= . . . /mips-sde-elf/ls1b200　　　 #/ * . . . 工具链路径 * / <br> OS ：= bare　　　　　　　　　　　　　　　　　　 #/ * 工程没有操作系统 * / | |
| -include . . / makefile. init <br> #. . . . . . 略 <br> # All of the sources participating in the build are defined here <br> #. . . . . . 略 | |
| -include . . / makefile. defs <br> OUT_ELF=example. exe <br> OUT_MAP=example. map <br> OUT_BIN=example. bin | 这几个 OUT 就是最后生成的文件 |
| LINKCMDS= . . / ld. script <br> # Add inputs and outputs from these tool invocations to the build variables | 用 ld. script 的规则来链接 |
| # All Target <br> all：$ ( OUT_ELF) | |

（续表）

| makefile. mk | 说明 |
|---|---|
| # Tool invocations<br>$（OUT_ELF）：$（STARTO）$（OBJS）$（USER_OBJS）<br>   @echo 'Building target：$@'<br>   @echo 'Invoking：MIPS SDE Lite C Linker'<br>   .../mips-sde-elf-gcc.exe  -mips32 -G0 -EL -msoft-float -nostartfiles  -static -T $（LINKCMDS）-o $（OUT_ELF）$（STARTO）$（OBJS）$（USER_OBJS）$（LIBS）<br>   @echo 'Invoking：MIPS SDE Lite C Objcopy'<br>   .../mips-sde-elf-objcopy.exe -O binary $（OUT_ELF）$（OUT_BIN）<br>   @echo 'Invoking：MIPS SDE Lite C Size'<br>   .../mips-sde-elf-size.exe $（OUT_ELF）<br>   @echo 'Finished building target：$@'<br>   @echo ' '<br><br># Other Targets<br>#......略<br>-include ../makefile.targets | 用到的编译工具 |

## 5.3.3  ld. script

龙芯开发工具中工程文件自带的 ld. script 是 Makefile 调用的链接脚本,用来给出内存布局,段的属性等(表5-8)。

表5-8  龙芯 1B 的 ld. script

| ld. script | 说明 |
|---|---|
| /*<br> * ld. script<br> */<br><br>_RamSize = DEFINED(_RamSize) ? _RamSize : 64M;<br>_StackSize = DEFINED(_StackSize) ? _StackSize : 0x4000; /* 16k */<br><br>OUTPUT_ARCH(mips) | RAM 64MB<br>Stack 16kB |
| ENTRY(_start)    /* Entry point of application */<br>MEMORY<br>{<br>   ram (wx) : ORIGIN = 0x80000000, LENGTH = 64M<br>} | RAM 起始地址<br>0x80000000 |
| SECTIONS<br>{<br>   /* Code and read-only data 0x80200000 */ | 代码和数据段起始地址<br>0x80200000 |

| ld. script | 说明 |
|---|---|
| ```
. text 0x80200000 :
{
    _ftext = ABSOLUTE(.) ;   / * Start of code and read-only data * /
    * (. start)
    * (. text * )
    _ecode = ABSOLUTE(.) ;   / * End of code * /
    * (. rodata * )
    .  = ALIGN(8) ;
    _etext = ABSOLUTE(.) ;   / * End of code and read-only data * /
} > ram
;......略
. data :
{
  ;......略
}
;......略

/ * Uninitialised data * /
.  = ALIGN(4) ;
;......略
}
``` | |

## 5.4　开发基础

### 5.4.1　轮询和前后台及多任务

嵌入式系统的应用程序有三种实现形式:轮询系统、前后台系统和多任务系统。

（1）轮询系统,也称为软件查询

早期的嵌入式系统中没有操作系统的概念,编写嵌入式程序通常直接面对裸机及裸设备,先初始化相关硬件,在主程序的 main 函数里,使用一个死循环进行无限循环,在循环中调用各个功能函数,顺序地处理各种事件。它简单可靠,适用于仅需要顺序执行代码且不需要外部事件来驱动就能完成的事情。在嵌入式系统中,轮询通常用于检测外部设备状态、传感器数据或者处理特定的事件。例如,一个嵌入式系统可能会定期轮询一个传感器,以获取温度、湿度等环境数据,或定期轮询一个按钮状态,以确定用户是否按下了按钮。

但是如果加入按键操作等需要检测外部信号的事件,整个系统的实时响应能力就会有所降低。

例如:当按键按下时,程序正在运行某顺序程序,而且该顺序程序占用的程序时间片比较长,系统就有可能错过对按键的检测。
```

（2）前后台系统（在轮询系统的基础上加入了中断）

中断称为前台，主程序中的无限循环称为后台。对于实时性要求严格的操作通常由中断来完成。

一般情况下，后台程序也叫任务级程序，前台程序也叫中断级程序。在顺序执行后台程序时，如果有中断，中断请求 ISR 会打断后台程序的正常执行流程，转而去执行中断服务子程序，在中断服务子程序中标记事件（图5-12）。这样就不会造成因在中断服务程序中处理费时的事件而影响后续和其他中断。后台程序在一个无限循环里查询各种标志位，如果标志位置位，就执行相应的任务程序。

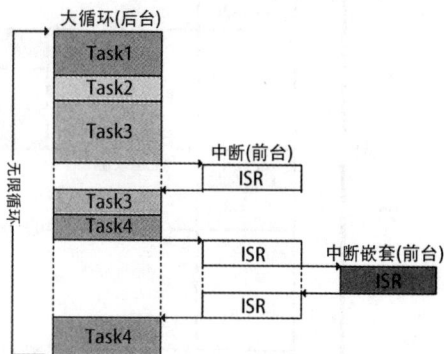

图 5-12　前后台系统示意图

也就是说，外部事件的响应在中断里面完成，事件的处理回到轮询系统中完成。这就是通常所说的前后台系统。

前后台系统通过中断可以大大提高程序的实时响应能力，避免外部事件的丢失。进一步通过设置中断的优先级，可以使得高优先级的任务得到更及时的响应。

实际上，前后台系统的实时性比预计的要差。这是因为前后台系统认为所有的任务具有相同的优先级别，即是平等的，而且任务的执行又是通过 FIFO 队列排队，因而对那些实时性要求高的任务不可能立刻得到处理。

由于这类系统结构简单，几乎不需要 RAM/ROM 的额外开销，因而在简单的嵌入式应用中被广泛使用。但是由于后台程序是一个无限循环的结构，一旦这个循环体中正在处理的任务崩溃，整个任务队列中的其他任务就得不到机会被处理，从而造成整个系统的崩溃。

（3）多任务系统

多任务处理是指可以在同一时间内运行多个应用程序，每个应用程序被称作一个任务。

每个应用程序都是无限循环的，所以每个任务也是独立的、无限循环，而且具备自身的优先级。多任务系统的事件响应是在中断中完成的，但是事件的处理是在任务中完成的。

相比前后台系统，多任务系统可以对不同任务的优先级进行管理，让优先级更高的任务可以先获得资源进行处理，这样系统的实时性就被提高了。这就是操作系统的管理。

事实上，处理器在同一时刻只能执行一个任务，多任务操作系统通过快速的任务切换，使人眼看起来好像每个任务都在并行执行。

嵌入式实时操作系统（RTOS）就是一种多任务操作系统，它将任务分成不同等级，总是让优先级更高的任务先运行。同时，将中断的优先级设为最高，可以打断所有任务，来处理紧急任务。通常又称这样的任务调度为抢占式调度。多任务系统的中断处理如图5-13所示。

也就是说，在多任务操作系统中，不仅中断有优先级，任务也有优先级，这样，实时性的任务可以优先获得资源进行处理。

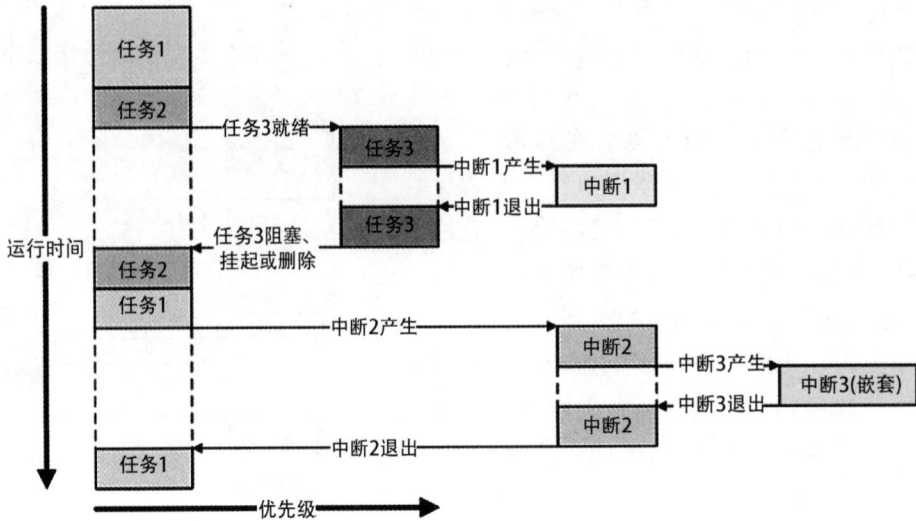

图 5-13　多任务系统的中断处理示意图

## 5.4.2　函数抽象

软件开发中,函数是一个固定的程序段,或称其为一个子程序。它是软件功能的模块化实现方式,是对功能的一个抽象过程。

例如,用代码实现一个求和运算: $\sum n = 1 + 2 + 3 + \cdots + 100$。 如下:

```
1   # include <stdio.h>
2   int main() {
3     int x=100,s=0,i=1;
5     while(i<=x)  {
6         s=s+i;
7         i++;
8       }
9      printf("sum= %d\n",s);
10     return 0;
11   }
```

为了让加法部分能重复使用,将加法部分写成一个函数:int mysum(int n)。如下:

```
int  mysum(int n)
  {
    int i=1,ss=0;
    while(i<=n){
        ss=ss+i;
         i++;
      }
    return (ss);
  }
```

再在主函数中调用它,如下:

```
1    # include <stdio. h>
2    int mysum( int n);
3    int main( )
4    {
5        int x=100;
6        int s=0;
7        s=mysum(x);
8        printf("sum=%d\n",s);
9        return 0;
10   }
11   int mysum(int n)
12   {……
```

注意:程序中的第 2 行语句 int mysum(int n);是必不可少的。mysum(int n)函数的定义在第 11 行,调用 mysum(int n)函数的语句在第 7 行,要在调用之前声明这个函数。

进一步将程序中具有独立功能的 mysum( )函数分割出来,该程序可分成 3 个程序:mysum. h、mysum. c 和 ex_sum. c。如下:

```
1    /* mysum.h */
2    int mysum( int n);
```

```
1.   /*  ex_sum.c  */
2.   # include <stdio. h>
3.   # include "mysum. h"
4.   int main( )
5.   {
6.   int x=100;
7.   int s=0;
8.   s=mysum(x);
9.   printf("sum=%d\n",s);
10.  return 0;
11.  }
```

```
1.   /*  mysum.c  */
2. int  mysum( int n)
3.   {
4.       int i=1,ss=0;
5.       while(i<=n){
6.           ss=ss+i;
7.           i++;
8.       }
9.       return (ss);
10.  }
```

## 5.4.3 驱动程序

驱动程序(Device Driver)的全称为"设备驱动程序",是一种可以使操作系统和设备进行通信与交互的特殊程序,可以说相当于硬件的接口,当系统增加新硬件时,驱动程序是一项不可或缺的重要元件。当安装一个原本不属于个人电脑中的硬件设备时,系统会要求安装相应的驱动程序,从而将新的硬件与电脑系统连接起来。驱动程序扮演沟通的角色,把硬件的功能告诉电脑系统,并且也将系统的指令传达给硬件,让它开始工作。

在有操作系统的嵌入式系统中,设备驱动程序是操作系统的一部分,它的作用就是让操作系统能正确识别和使用设备,开发驱动之前就需要熟悉这个操作系统内部的相关操作原理。在没有操作系统的裸机程序中,驱动程序就是一套和硬件打交道的函数库,开发驱动程序需要理解硬件的工作原理,包括处理器架构的知识,还需要参考外设控制器的数据表(datasheet)。

设备驱动程序通常由硬件设备制造商或第三方开发,并与操作系统相配套。操作系统提供商通常会提供一组通用的驱动程序,以支持常见的硬件设备。但对于某些特殊的或较新的硬件设备,用户可能需要从设备制造商网站或第三方来源下载并安装相应的设备驱动程序。驱动程序的编写通常由硬件开发公司的软件工程师完成。

一个设备驱动程序一般包含 5 个部分的功能接口函数:设备的初始化、设备的打开(使能该设备)、设备的关闭、设备的读操作、设备的写操作及设备的控制。

以 AD1015 为例,首先从开发工具的代码区点击右键,可出现如图 5-14 所示的菜单。

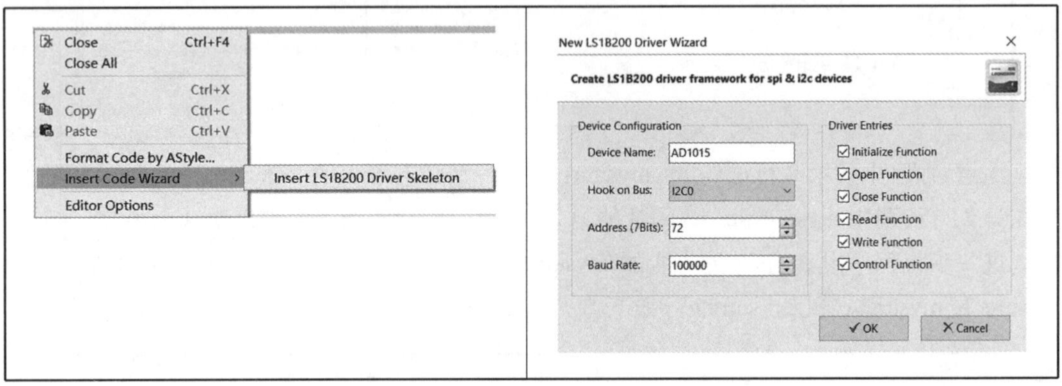

**图 5-14　开发工具添加驱动代码菜单**

生成的框架代码可扫右边的二维码获得。

驱动框架代码

## 5.4.4　库函数

当一个程序写好后,需要进一步封装成库函数,使得其他应用程序也可以调用。

例如上节中的 AD1015 的驱动程序:首先将包含驱动程序的源代码文件做成一个驱动文件,这里可以用上例,命名为 AD1015. c。在该驱动文件中定义一个或多个函数作为库函数的接口。这个函数将调用驱动函数,初始化、打开、关闭、读写、控制等,并提供适当的参数和返回值。这一个或多个接口函数称为库函数的接口函数。

在库函数的接口函数中,首先根据调用需要进行参数的处理和转换;然后调用驱动函数,并将参数传递给它;还要根据驱动函数的返回值,进行适当的错误处理或结果处理。例如:

```
//AD1015. c
# include "AD1015. h"

int my_driver_lib_AD1015( void * param1, int param2, void * param3) {
// 参数处理和转换
// ...
// 调用驱动函数
int result = AD1015_ioctl( void * bus, int cmd, void * arg);
// 结果处理
// ...
return result;
}
```

再新建对应的头文件,AD1015.h,在头文件中对接口函数进行声明。然后编译源代码文件,生成驱动程序对应的库文件(例如.o 文件或.dll 文件)。

接下来在工程目录中创建一个文件夹,用于存放库文件,一般将其命名为 lib 或 libc,称为库文件夹。将生成的库文件(例如.so 文件或.dll 文件)复制到该文件夹中。再在库文件夹中创建一个文件夹,用于存放库的头文件,命名为 include 或 inc,将库函数的头文件复制到这个文件夹中。

在开发工具中配置库文件和头文件的路径。具体的配置方法取决于使用的开发工具和开发环境。例如对于 Makefile 构建系统,可以用命令选项指定库文件的路径,以及指定头文件的路径,而对于 Visual Studio、Xcode 等,可以在项目设置中配置库文件和头文件的路径。这时驱动函数就封装成库函数了。在应用程序中包含库函数的头文件,就可以使用库函数了。这个使用包括通过接口函数对库函数驱动程序的调用,还包括链接生成的库文件。

在龙芯 1B 的开发工具 Loongson IDE 中,驱动函数的库文件夹名为 ls1x-drv,包含了开发板必要的驱动程序,其中 include 子文件夹存放着驱动程序文件的头文件。

## ▶ 思考与练习

5-1　嵌入式系统的开发软件按层次分包括哪些?

5-2　简述交叉编译的步骤。

5-3　轮询和前后台有什么区别? 各自有什么优缺点?

5-4　Bootloader 的启动一般分哪两个阶段?

5-5　说说龙芯的 Makefile 和 ld.script 的作用。龙芯 1B 的 PMON 是一个具有什么功能的软件?

常用 C 语言开发基础
思维导图

# 第6章

# 龙芯 1B 的基本功能

## 6.1　GPIO

集成开发环境
的安装包

集成开发环境
的安装及
基本使用

### 6.1.1　引脚复用

I/O 端口又称为 I/O 接口、输入/输出接口,它是微处理器对外控制和信息交换的必经之路,在 CPU 与外部设备之间起信息转换和匹配的作用。I/O 端口有串行和并行之分。大多数输入/输出接口和部分设备已经与嵌入式微处理器集成在一起。其中最常用的是通用输入/输出接口(General Purpose I/O port,GPIO)。

通过多路复用的方式,龙芯 1B 处理器提供了多达 62 个通用输入和输出端口引脚。62 个引脚的输入/输出设置由两个 32 位寄存器 GPIOOE0 和 GPIOOE1 配置(表 6-1)。GPIO 作为输入高电平时外部可以是 3.3~5 V,输入低电平时是 0 V;输出高电平时是 3.3 V,输出低电平时是 0 V;GPIO 对应的所有 PAD 都是上拉输入、推挽输出。

表 6-1　龙芯 1B 的输入/输出配置寄存器

| 寄存器 | 说明 |
| --- | --- |
| GPIOCFG0 / GPIOCFG1 | 功能配置寄存器,用于配置对应 PAD 为 GPIO 功能还是外设功能 |
| GPIOOE0 / GPIOOE1 | 输入/输出使能寄存器,用于配置相应 GPIO 为输入还是输出 |
| GPIOIN0 / GPIOIN1 | 输入值寄存器,用于获取相应 GPIO 的输入值 |
| GPIOOUT0 / GPIOOUT1 | 输出值寄存器,用于设置相应 GPIO 的输出值 |

例如 PWM0,龙芯 1B 处理上标记为 PWM0 的引脚可用于输出脉冲宽度调制(Pulse Width Modulation,PWM)波形,它由龙芯 1B 处理器内集成的 PWM 模块/控制器控制。但是,如果在一个应用中没有将该引脚用于输出 PWM 波形,则该引脚就空闲了。此时该引脚就可用作 GPIO,由 GPIO 的控制器控制。

当配置寄存器 GPIOCFG0 的控制位为 0 时,该引脚被配置为普通 PAD,PWM0 可以将来自 PWM 控制器的信号输出;当来自配置寄存器 GPIOCFG0 的控制位为 1 时,该引脚被配置为 GPIO。通过配置寄存器的控制,管脚既可以用于 GPIO 功能,也可以用于普通外设功能(如 PWM),这就是管脚"复用"(图 6-1)。

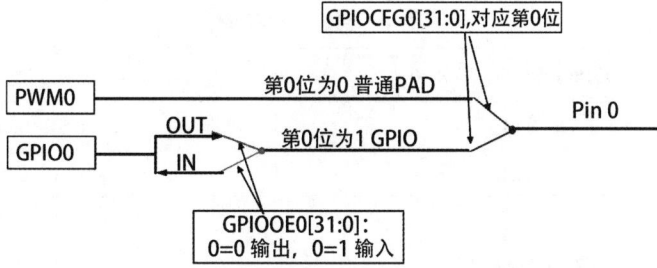

图 6-1　龙芯 1B 的 PWM0 引脚复用示例

进一步的,当该 PAD 设置为给 GPIO 使用时,可以通过输入/输出使能寄存器 GPIOOE0 的控制位来设置其作为输出还是输入。

在代码中的实现如下:

```
# include "ls1b_gpio.h"

# define KEY1 49
# define LED1 48
gpio_enable(KEY1,DIR_IN);
gpio_enable(LED1,DIR_OUT);
```

```
/* ls1b_gpio.h */
/* ioNum: gpio 端口序号。dir: gpio 方向,DIR_IN 输入,DIR_OUT
   输出 */
static inline void gpio_enable(int ioNum, int dir)
{
    if ((ioNum >= 0) && (ioNum < GPIO_COUNT))
    {
        int register regIndex = ioNum / 32;
        int register bitVal   = 1 << (ioNum % 32);

        LS1B_GPIO_CFG(regIndex) |= bitVal;
        if (dir)
            LS1B_GPIO_EN(regIndex) |= bitVal;
        else
            LS1B_GPIO_EN(regIndex) &= ~bitVal;
    }
}
```

当管脚配置为普通外设功能时,还可以由复用寄存器 GPIO_MUX_CTRL0 和 GPIO_MUX_CTRL1 控制,进行多重复用。这就是管脚复用的进一步含义。例如引脚 PWM0,配置寄存器 GPIOCFG0 的控制位为 0,将该引脚设为普通 PAD。当 GPIO_MUX_CTRL0[31:0]的"6"位置位,表示引脚复用为 NAND_RDY,当 GPIO_MUX_CTRL1[31:0]的"24"位置位,表示引脚复用为 SPI1_CSN,当 GPIO_MUX_CTRL0[31:0]的"27"位置位,表示引脚复用为 UART0_RX(表 6-2,表 6-3)。

表 6-2　引脚 PWM0 多重复用

| PAD | GPIO | 第一复用 | 第二复用 | 第三复用 |
|-----|------|---------|---------|---------|
| PWM0 | GPIO00 | NAND_RDY | SPI1_CSN | UART0_RX |

表 6-3　复用寄存器表

| 位 | GPIO_MUX_CTRL0 | GPIO_MUX_CTRL1 |
|---|---|---|
| 31 | 保留 | USB_reset |
| 30 | 保留 | 保留 |
| 29 | 保留 | 保留 |
| 28 | UART0_UAE_PWM23 | 保留 |
| 27 | UART0_USE_PWM01 | 保留 |
| 26 | UART1_USE_LCD0_5_6_11 | 保留 |
| 25 | I2C2_USE_CAN1 | 保留 |
| 24 | I2C1_USE_CAN0 | SPI1_CS_USE_PWM01 |
| 23 | NAND3_USE_UART5 | SPI1_USE_CAN |
| 22 | NAND3_USE_UART4 | 保留 |
| 21 | NAND3_USE_UART1_DAT | 保留 |
| 20 | NAND3_USE_UART1_CTS | DISABLE_DDR_CONFSPACE |
| 19 | NAND3_USE_PWM23 | 保留 |
| 18 | NAND3_USE_PWM01 | 保留 |
| 17 | NAND2_USE_UART5 | 保留 |
| 16 | NAND2_USE_UART4 | DDR32TO16EN |
| 15 | NAND2_USE_UART1_DAT | 保留 |
| 14 | NAND2_USE_UART1_CTS | 保留 |
| 13 | NAND2_USE_PWM23 | GMAC1_SHUT |
| 12 | NAND2_USE_PWM01 | GMAC0_SHUT |
| 11 | NAND1_USE_UART5 | USB_SHUT |
| 10 | NAND1_USE_UART4 | 保留 |
| 9 | NAND1_USE_UART1_DAT | 保留 |
| 8 | NAND1_USE_UART1_CTS | 保留 |
| 7 | NAND1_USE_PWM23 | 保留 |
| 6 | NAND1_USE_PWM01 | 保留 |
| 5 | 保留 | UART1_3_USE_CAN1 |
| 4 | GMAC1_USE_UART1 | UART1_2_USE_CAN0 |
| 3 | GMAC1_USE_UART0 | GMAC1_USE_TX_CLK |
| 2 | LCD_USE_UART0_DAT | GMAC0_USE_TX_CLK |
| 1 | LCD_USE_UART15 | GMAC1_USE_PWM23 |
| 0 | LCD_USE_UART0 | GMAC0_USE_PWM01 |

## 6.1.2　实验示例

在实验箱上,分别有 LED 和按键连接在 GPIO 管脚(图 6-2)。将它们设置为 GPIO 的输入和输出,通过对管脚的读写,使得 LED 灯出现流水的效果。

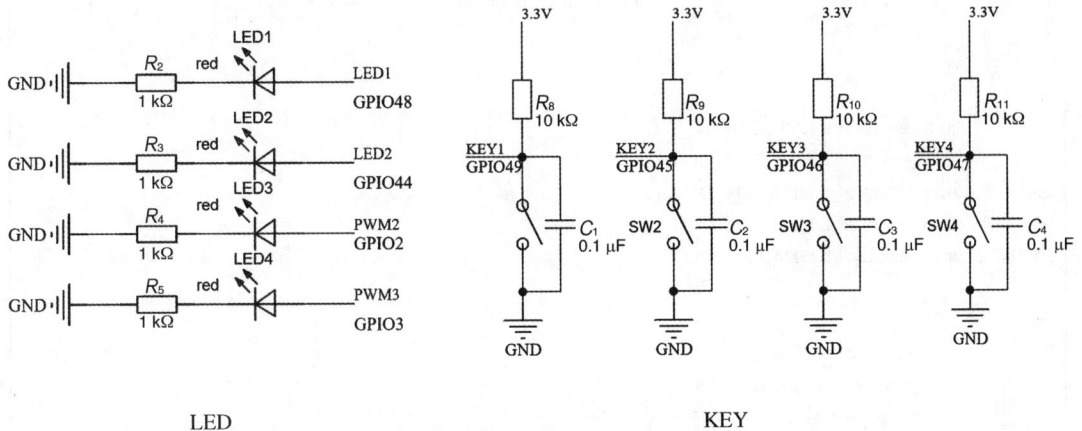

图 6-2　实验箱的 GPIO 硬件连接图

请注意,在按键中有电容起到硬件消抖作用,因此在软件中不必进行消抖处理。

**1) GPIO 相关文件和函数**

ls1b. h　　　　　//硬件寄存器的定义

ls1b_gpio. h　　　//GPIO 的驱动相关函数

　　void gpio_enable( int ioNum, int dir);　　　/* 使能及初始化 GPIO 端口 */

　　void gpio_disable( int ioNum);　　　　　　/* 关闭 GPIO 功能 */

　　int gpio_read( int ioNum);　　　　　　　/* 读 GPIO 端口 */

　　void gpio_write( int ioNum, bool val);　　　/* 写 GPIO 端口 */

注:GPIO 大多数复用,如果先使能了 GPIO 以后再定义为别的功能,需要先关闭 GPIO 功能,新定义的功能才能生效。

**2) 代码示例**

```
1.    # include <stdio. h>
2.    # include "ls1b. h"
3.    # include "mips. h"
4.    # include "bsp. h"
5.    # include "ls1b_ gpio. h"
6.    # define KEY1 49
7.    # define LED1 48
8.    # define LED2 44
9.    # define LED3 2
10.   # define LED4 3
```

```
11.  # define ON 1
12.  # define OFF 0
13.  int main( void )
14.  {
15.      printk( " \r\nmain( ) function. \r\n" );
16.      ls1x_ drv_ init( );          / * Initialize device drivers * /
17.      int count = 0;
18.      int num = 0;
19.
20.      gpio_ enable( KEY1, DIR_ IN );
21.      gpio_ enable( LED1, DIR_ OUT );
22.      gpio_ enable( LED2, DIR_ OUT );
23.      gpio_ enable( LED3, DIR_ OUT );
24.      gpio_ enable( LED4, DIR_ OUT );
25.      for ( ; ; )
26.      {
27.          num = count%4;
28.          gpio_ write( LED1, OFF );
29.          gpio_ write( LED2, OFF );
30.          gpio_ write( LED3, OFF );
31.          gpio_ write( LED4, OFF );
32.          if( num == 0 )
33.          {
34.              gpio_ write( LED1, ON );
35.          }
36.          else if( num == 1 )
37.          {
38.              gpio_ write( LED2, ON );
39.          }
40.          else if( num == 2 )
41.          {
42.              gpio_ write( LED3, ON );
43.          }
44.          else if( num == 3 )
45.          {
46.              gpio_ write( LED4, ON );
47.          }
48.          if( gpio_ read( KEY1 ) == 0 )
49.          {
50.              count++;
51.          }
52.
53.          delay_ ms( 250 );
54.      }
55.      return 0;
56.  }
```

### 3）实验现象

当长按按键"KEY1"时有流水灯效果，当松开按键时流水灯效果暂停。

思考:为什么需要长按才能出现流水灯效果?

### 6.1.3 实验习题

学习 LS1B 的输入/输出控制:

(1) LED 灯作为输出,实现流水灯效果;

(2) 按键作为输入,实现某一个或几个按键对某一个或几个灯的控制。

## 6.2 外部中断

### 6.2.1 中断的概念

中断(Interrupts)是处理器响应外部或内部事件的一种机制。中断可分为同步中断(Synchronous Interrupts)和异步中断(Asynchronous Interrupts),它们在功能和应用场景上有所不同(表6-4)。

**表 6-4 中断的分类表**

| 中断 | | 原因 | 返回行为 | 说明 |
|---|---|---|---|---|
| 异步中断 | | 来自 I/O 设备的信号,或时钟信号 | 总是返回到下一条指令 | |
| 同步中断/异常 | 陷阱(Trap) | 有意的异常 | 总是返回到下一条指令 | 是执行一条指令的结果。最重要的用途是在用户程序和内核之间提供一个系统调用接口 |
| | 故障(Fault) | 潜在的可恢复的错误 | 可能返回到当前指令 | 由错误引起,可能被错误处理程序修正。例如除 0 溢出。如果能修正就会在修正后返回原来的指令,否则将会返回一个 abort |
| | 中止(Abort) | 不可恢复的错误 | 不会返回 | 不可恢复的错误导致的结果;典型的是一些硬件错误 |

同步中断是在 CPU 执行指令期间产生的,通常是因为程序执行中的错误或特定的指令操作。这种中断是预期内的,与当前执行的程序指令序列直接相关。异步中断是由 CPU 外部事件(如外设)触发的,与 CPU 当前执行的指令无直接关系。这种中断是不可预测的,一般是由外部设备或者外部事件引起的,通常情况下处理器不会立即响应这种中断请求,而是在当前执行的指令结束后,再由中断控制器通知处理器发生了中断事件,然后才开始处理。

从广义上讲,同步中断和异步中断统称为异常。更常用的叫法是把同步中断称作异常,而将异步中断称之为中断。同步和异步中断都既可以是软件中断,也可以是硬件中断。本章的外部中断即是一种异常中断,如无特别说明,将不区分中断和异步中断。

异步中断又可以进一步从多个方面分类理解,例如从信号来源、可否屏蔽、触发方式等分类,如图 6-3 所示。

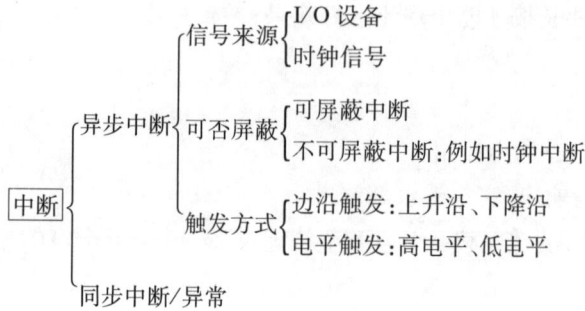

图 6-3　中断的分类

发生中断的事件可以用高、低电平或者跳变沿来触发。比如对于 GPIO 上出现持续的高电平或者出现由低电平到高电平的跳变(逻辑"0"到逻辑"1"状态的变化,上升沿)或者出现由高电平到低电平的跳变(逻辑"1"到逻辑"0"状态的变化,下降沿),如图 6-4 所示。

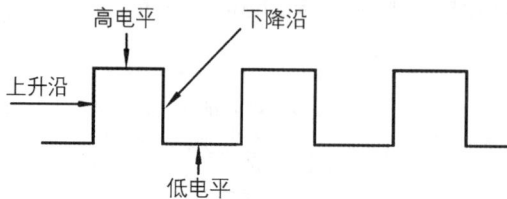

一般. 在计算机内部, 高电平表示1, 低电平表示0;
　　上升沿就是电平由低向高变化;下降沿则相反。

图 6-4　中断触发

当出现中断事件,并且允许处理器处理中断事件时,处理器内的程序计数器就会跳转到用于处理中断事件的程序代码中,这就是中断服务子程序(图 6-5)。

那么,程序计数器怎么能够知道处理中断事件的代码在存储器中的位置呢?

无论处理器采用哪种架构实现,它们都有一个"不成文的规定",即在存储器中要专门划分出来一块存储区域,这块存储区域有特定的用途,用户程序不能占用。特定的用途就是用于帮助程序计数器找到处理中断事件的程序入口。处理器将这一小块特定的存

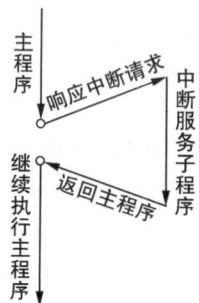

图 6-5　中断服务子程序

储空间区域称为中断向量表,在这个表中保存着用于处理中断程序的入口,称之为中断向量。每个入口中的内容是中断服务子程序的入口地址。

中断服务子程序的执行是通过响应中断请求完成的,当处理器在执行主程序时,发生了一个中断请求,处理器将暂停执行主程序的内容,转而去执行中断服务子程序的内容。为了主程序的相关数据不会丢失,处理器在执行中断服务子程序之前,必须保存发生中断的那个地方的相关信息,即保护现场。保护现场之后,处理器执行中断服务子程序的内容,执行完后,处理器还会回到暂停的地方继续执行,并在返回之前,进行恢复现

场。这样就可以返回主程序暂停的地方继续执行了，下面是整个过程的流程。

中断事件发生（中断请求）→中断系统使 CPU 暂停正在执行的程序（主程序），转而处理中断事件（中断服务程序）→处理完毕后，又返回被中断的程序处（中断返回），继续执行暂停的程序（主程序），如图 6-6 所示。

中断请求可以发生在任意时刻，所以中断服务子程序可以发生在主程序执行的任意位置。事实上，在每个指令周期末尾，处理器会检查是否有中断信号需要处理。

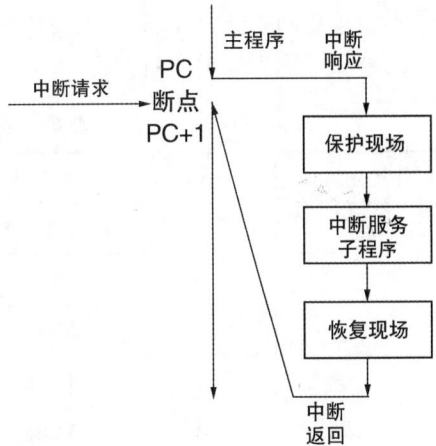

图 6-6　中断服务子程序执行过程

中断响应的顺序与中断优先级有关。首先响应高优先级的中断请求；如果优先级相同，CPU 按查询次序响应排在前面的中断；正在进行的中断过程不能被新的同级或低优先级的中断请求所中断；正在进行的低优先级中断过程，能被高优先级中断请求所中断。

### 6.2.2　中断机制

#### 6.2.2.1　中断向量的两种实现模式

中断的处理最终是由中断服务程序完成的，中断服务程序的入口地址就是中断向量指向的地址。中断向量通常有两种实现模式：

（1）固定向量，又称为向量中断（Vectored Interrupts）模式

处理器对每个中断源设置了唯一的向量号，即每个中断源对应了固定的中断向量。处理器硬件可以根据中断向量号直接访问/调用中断服务程序的入口地址。当某个中断源的中断请求被响应后，处理器自动跳转到相应中断服务程序的入口地址。固定向量的方式不需要额外的逻辑来确定中断服务程序的入口地址，能够提供更快的中断响应时间。

（2）不固定向量，又称作非向量中断（Non-Vectored Interrupts）模式

在这种模式下，无论是什么中断源发出的中断，处理器都会跳转到指定的一段中断处理程序（即解析程序），在这段程序里，通过判断相应的寄存器找到对应的中断源，跳转到相应的中断服务程序。这时的中断服务程序可以根据实际应用编写，在中断处理时，安装到对应的中断向量上即可。非固定向量模式提供了更大的灵活性，但在处理不同类型的中断时可能需要更多的处理逻辑。

#### 6.2.2.2　龙芯 1B 的异常向量表

龙芯 1B 的异常，通常也称 CPU 异常，部分异常向量如表 6-5 所示。其中 ExcCode 是指协处理器的 Cause 寄存器的 5 位异常码域。5 位的 ExcCode 可以提供 32 种异常可能，《龙芯 1B 处理器用户手册》以及内核代码主要定义了以下十余种。除了 ExcCode 定义的 32 种异常，还有一个重要的 CPU 异常，复位，其向量地址被设定为 0xBFC00000，这个地址

既不通过 Cache 进行存取,也无需地址映射。因为异常向量的入口地址都已给出,可以将异常的处理理解为固定向量模式。

表 6-5　龙芯 1B 的部分异常向量表

| 优先级 | ExcCode | 异常码 | 描述 | 异常向量入口 |
|---|---|---|---|---|
| 最高 | 无 | RESET/NMI | 复位 | 0xBFC00000 |
| CP0 的 ExcCode 提供的 32 种异常。优先级根据程序实现确定 | 0 | INT | 中断 | 0xBFC00200 |
| | 1 | MOD | TLB 修改例外 | 将异常码表示的异常归类为几种,并给出向量地址,例如 Cache 异常:bfc00300,最终在 PMON 中通过一个通用的异常向量处理程序来处理 |
| | 2 | TLBL | TLB 例外(读或者取指令) | |
| | 3 | TLBS | TLB 例外(存储) | |
| | 4 | ADEL | 地址错误例外(读或者取指令) | |
| | 5 | ADES | 地址错误例外(存储) | |
| | 6 | IBE | 总线错误例外(取指令) | |
| | 7 | DBE | 总线错误例外(数据引用:读或存储) | |
| | 8 | SYS | 系统调用例外 | |
| | 9 | BP | 断点例外 | |
| | 10 | RI | 保留指令例外 | |
| | 11 | CPU | 协处理器不可用例外 | |
| | 12 | OV | 算术溢出例外 | |
| | 13 | TR | 陷阱例外 | |
| | 14 | — | 保留 | |
| | 15 | FPE | 浮点异常 | |
| | 23 | WATCH | Watch 异常 | |
| | 24~31 | — | 保留 | |

其中异常码所指的中断,是前述所说的异步中断,来源是龙芯 1B 的 8 个中断源。8 个中断源包括 2 个软件中断源及 6 个硬件中断源,优先级从低到高依次为:SW0~SW1,HW0~HW5,由协处理器的 Cause 寄存器、Status 寄存器进行配置管理。只有当处理器处于非其他异常、非错误、非调式的模式下,如果中断被使能,相应的中断才可以发生。

硬件中断 HW0~HW5 对应于 CP0 的 Cause 寄存器中的 IP2~IP7,软件中断源 SW0~SW1 对应于 IP0~IP1。当中断发生时,Cause 寄存器的 TI 位以及中断对应的 IP 位置为 1。Status 寄存器的 IM0~IM7 与 Cause 寄存器中的 IP0~IP7 对应。Cause 寄存器的任何一个中断对应的 IP 位置 1,且 Status 对应的 IM 位置 1 时,此时若 Status 的 IE 位置 1,会向处理器发出中断请求。如下:

| 31 | | | | | | | Cause 寄存器 | | | | 0 |
|---|---|---|---|---|---|---|---|---|---|---|---|
| BD | TI | CE | DC | PCI | 0 | IV | 0 | IP7 ~ IP0 | 0 | ExcCode | 0 |
| 1bit | 1 | 2 | 1 | 2 | 2 | 1 | 6 | 8 | 1 | 5 | 2 |

| 31 | | | | | Status 寄存器 | | | | | | | 0 |
|---|---|---|---|---|---|---|---|---|---|---|---|---|
| CU（cu0 - 3） | RP | FR | RE | Diag Status | IM7 - IM0 | KX | SX | UX | KSU | ERL | EXL | IE |
| 4bits | 1 | 1 | 1 | 9 | 8 | 1 | 1 | 1 | 2 | 1 | 1 | 1 |

| 31 | | IntCtl 寄存器 | | 0 |
|---|---|---|---|---|
| IPTI | IPPCI | 0 | VS | 0 |
| 3bits | 3 | 16 | 5 | 5 |

### 6.2.2.3　龙芯 1B 的三级中断机制

龙芯 1B 的中断支持固定向量模式和非固定向量模式（图 6-7）。在非固定向量模式下，任意一个中断发生，都会执行中断向量指向的统一的中断处理程序，中断处理程序检查 Cause 寄存器中对应的 IP 位，获得中断源信息，并根据该信息，查找软件定义的中断向量号，跳转到相应的中断服务程序。

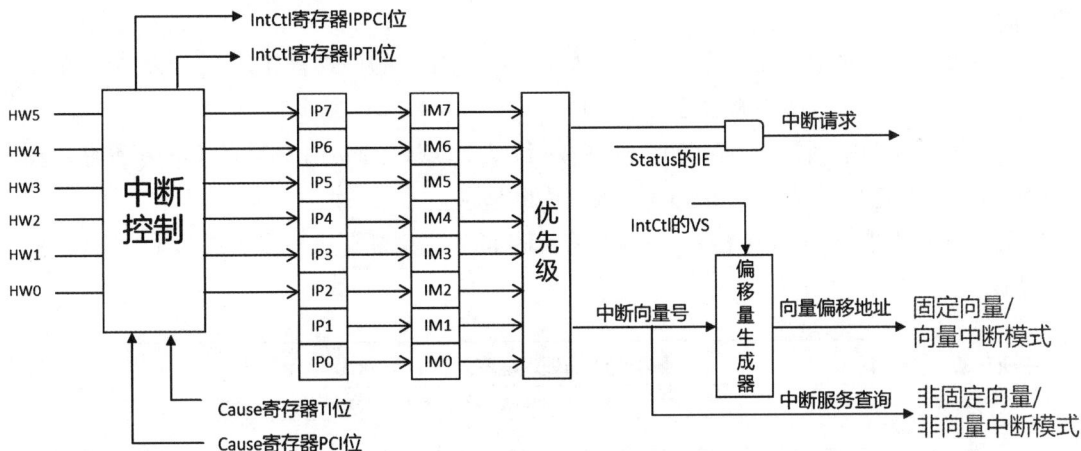

图 6-7　龙芯 1B 的中断向量模式

固定向量模式下，各中断源有对应的服务程序，处理器收到中断请求后，根据中断向量号和 CP0 的 IntCtl 寄存器中 VS 域的值，计算出中断向量的偏移量地址，结合中断向量的基地址，就可以访问对应的中断处理程序了。地址偏移量的计算如下：

$$VectorOffset = 0x0200 + (VectorNumber \times (IntCtl.VS||0b00000))$$

在龙芯 1B 的代码中实现的是非固定向量模式。中断向量入口是统一的中断处理程序，通过这个统一的中断处理程序对中断源进行解析和寄存器查询，执行相应的中断服务函数。这也是大多数嵌入式系统采用的模式。

CP0 的 8 个中断源中的硬件中断源 HW0~HW3 通过 4 个中断控制寄存器进一步扩展为 128 个中断源(图 6-8)。4 个中断控制器分别为 INT0、INT1、INT2、INT3,具有相同的寄存器组,包括:中断控制状态寄存器、中断控制使能寄存器、中断置位寄存器等。每个中断控制器管辖 32 个中断源,一个中断源对应控制寄存器组的一位。INT0 和 INT1 分别对应 64 个芯片内部中断,INT2 和 INT3 分别对应 64 个 GPIO 引脚中断,其中 3 个保留,所以共有 62 个 GPIO 引脚用于 61 个中断源。目前 128 个中断源使用的共有 91 个。

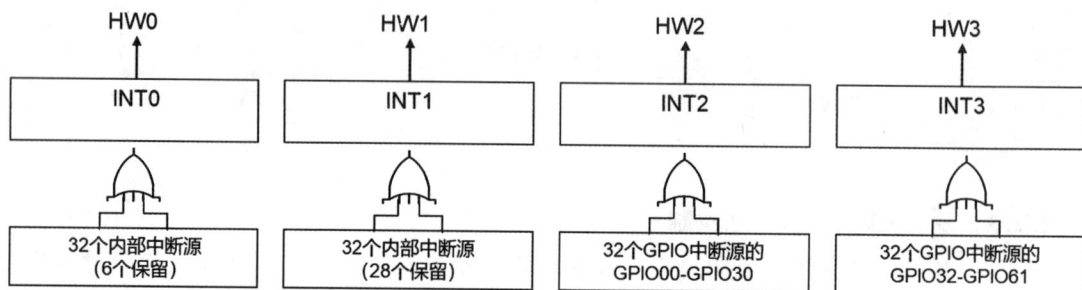

图 6-8　龙芯 1B 的 4 个硬件中断源扩展示意图

综上,龙芯 1B 的中断机制将 CPU 异常和(异步)中断分别处理,其中(异步)中断为三级机制:

第一级为中断向量。在非固定向量模式下是一个统一的处理程序入口;在固定向量模式下是各个中断源对应的中断服务程序入口。

第二级为 8 个中断源,包括 6 个硬件中断和 2 个软件中断,由 CP0 的 Cause 寄存器和 Status 寄存器决定其原因和是否向 CPU 发送中断请求。

第三级为龙芯 1B 的 4 个控制寄存器,将 CP0 的 4 个中断源进一步扩展为 128 个,如图 6-9 所示。

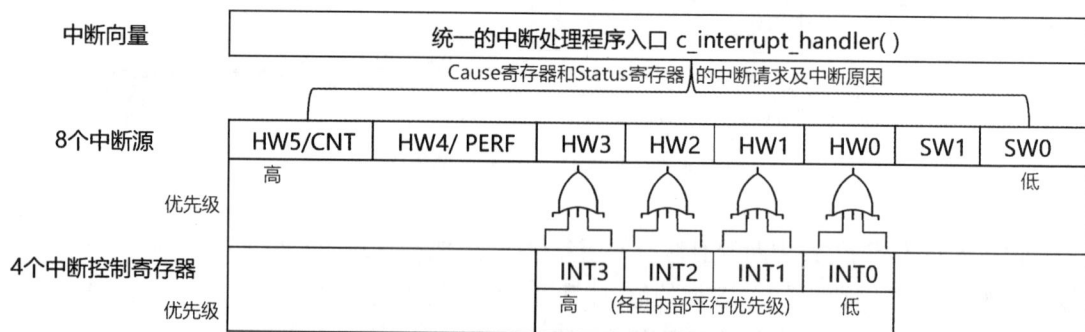

图 6-9　龙芯 1B 分级中断处理机制

例如 GPIO30 作为中断源,通过对应的 INT2 的控制寄存器组配置,使能输入到控制寄存器中,再作为中断源输入给 CP0 的 HW2。处理器会通过查询中断控制状态寄存器来识别来源(UART? PWM? SPI?)和对应的中断服务程序,再进行中断处理。

中断的处理过程如图 6-10 所示。其中,中断请求、中断响应、中断服务和中断返回是中断处理过程的四个基本阶段。

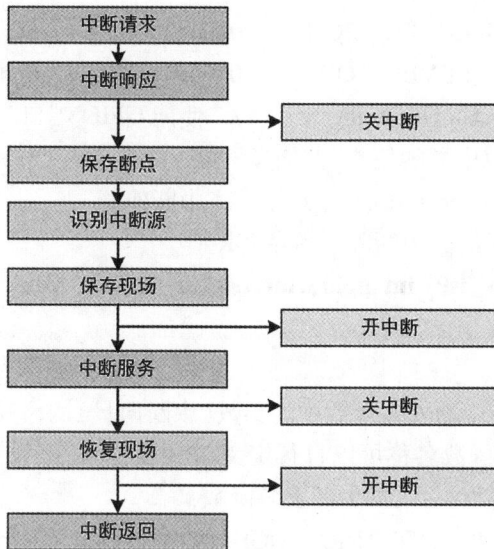

图 6-10　中断处理过程

## 6.2.3　实验示例

### 1) 外部中断相关文件和函数(表 6-6)

表 6-6　外部中断相关文件和函数的参数及说明

| 参数 | 说明 |
| --- | --- |
| int gpio | gpio 序号 |
| int trigger_mode | 触发模式,有以下 4 种:<br># define INT_TRIG_EDGE_UP　　0x01　　/*上升沿触发 gpio 中断*/<br># define INT_TRIG_EDGE_DOWN　0x02　　/*下降沿触发 gpio 中断*/<br># define INT_TRIG_LEVEL_HIGH　0x04　　/*高电平触发 gpio 中断*/<br># define INT_TRIG_LEVEL_LOW　0x08　　/*低电平触发 gpio 中断*/ |
| void ( *isr)(int, void * ) | 中断向量,即中断服务函数的名称;中断服务函数需要应用时写<br>其中,参数(int)为对应的中断号;<br>参数(void*)为传进中断服务函数的参数,不需要时写 NULL |
| void * arg | 中断向量引用的参数(实验里一般用不到就填 0),例:ls1x_install_gpio_isr(49, INT_TRIG_EDGE_DOWN, gpio_interrupt_isr, 0) |

ls1b_irq. h        //中断寄存器、中断向量的值

ls1b_gpio. h        //GPIO 的中断触发模式,定义必要的 GPIO 函数

    # define INT_TRIG_EDGE_UP        0x01        /* 上升沿触发 gpio 中断 */

    # define INT_TRIG_EDGE_DOWN        0x02        /* 下降沿触发 gpio 中断 */

    # define INT_TRIG_LEVEL_HIGH        0x04        /* 高电平触发 gpio 中断 */

    # define INT_TRIG_LEVEL_LOW        0x08        /* 低电平触发 gpio 中断 */

    void gpio_enable(int ioNum, int dir);        /* 使能 GPIO 端口 */

ls1x_gpio. c        //中断的使能、安装等函数

int ls1x_enable_gpio_interrupt(int gpio);        /* 中断使能 */

/* 安装 GPIO 端口对应的中断服务程序 ISR */

**int ls1x_install_gpio_isr(int gpio, int trigger_mode, void (* isr)(int, void * ), void * arg);**

### 2) 中断服务函数

中断服务函数需要与中断安装函数中的参数(中断向量)的格式保持一致:void (* isr)(int, void * )。中断服务函数名称可以自行定义,在中断安装函数中中断向量的名称务必和写好的中断服务函数名称一致,如中断安装函数:

ls1x_install_gpio_isr(49, INT_TRIG_EDGE_DOWN, gpio_interrupt_isr, 0)中,中断向量为 gpio_interrupt_isr,则中断服务函数名称即是 gpio_interrupt_isr()。如下:

```
static void gpio_interrupt_isr(int vector, void * param)
{
  delay(100);
}
```

### 3) 代码示例

外部中断使用的顺序是:

编写中断服务函数;

在主函数中先使能 GPIO 口,然后安装中断,即将 GPIO 口与中断服务程序对应上,最后使能中断。如下:

```
1.    # include <stdio. h>

2.    # include "ls1b. h"
3.    # include "mips. h"
4.    # include "ls1b_gpio. h"
5.    # include "ls1b_irq. h"
6.    # include "bsp. h"
7.    # define LED4 3
8.    # define ON 1
9.    # define OFF 0
10.   # define KEY1 49

11.   int on = 0;
```

```
12.  static void gpio_interrupt_isr(int vector, void * param)
13.  {
14.       // delay_ms(100);
15.        if(on==0)
16.        {
17.             on=1;
18.        }
19.        else
20.        {
21.             on=0;
22.        }
23.  }

24.  int main(void)
25.  {
26.        gpio_enable(LED4,DIR_OUT);
27.        gpio_enable(KEY1,DIR_IN);

28.        //GPIO 外部中断;/* 下降沿触发 */
29.        ls1x_install_gpio_isr(KEY1, INT_TRIG_EDGE_DOWN, gpio_interrupt_isr, 0);
30.        delay_ms(50);
31.        ls1x_enable_gpio_interrupt(KEY1);      //使能按键的中断

32.        /* 裸机主循环 */
33.        while(1)
34.        {
35.             if(on==0)
36.             {
37.                  gpio_write(LED4,ON);
38.             }
39.             else
40.             {
41.                  gpio_write(LED4,OFF);
42.             }
43.        }

44.        return 0;
45.  }
```

**4）实验现象**

LED4 默认为点亮状态,按下 KEY1 后 LED4 熄灭,再次按下后点亮。

思考:比较用轮询法和中断法实现对灯的控制,两者有什么不同。

## 6.2.4　实验习题

6.2.3
实验现象

理解中断服务函数的编程和调用。将连接 LED 的 GPIO 设为输出、连接按键的 GPIO 设为输入,编写中断程序,用按键作为外部中断源,在中断服务函数中变更 LED 流水灯的开启与否。

## 6.3　UART

### 6.3.1　异步串行通信

通用异步收发传输器（Universal Asynchronous Receiver/Transmitter, UART）是一个硬件模块，负责将并行数据转换为串行数据，并在接收端将串行数据转换回并行数据，异步、双向、全双工。UART 硬件表现为独立的模块化芯片，目前多数嵌入式处理器内部集成了 UART 接口。

在嵌入式设计中，UART 用于主机与辅助设备通信，是嵌入式系统中重要的 I/O 接口之一，经常作为软件开发调试串口，与上位机通信。

UART 基本组成：

- 输出缓冲寄存器，接收 CPU 从数据总线上输出的并行数据并保存。
- 输出移位寄存器，接收从输出缓冲器输出的并行数据，以发送时钟的速率把数据逐位移出。将并行数据转换为串行数据输出。
- 输入移位寄存器，以接收时钟的速率把串行数据输入线上的数据逐位移入，当数据装满后，并行送往输入缓冲寄存器。将串行数据转换为并行数据输入。
- 输入缓冲寄存器，从输入移位寄存器中接收并行数据，由 CPU 读取。
- 控制寄存器，接收 CPU 送来的控制字，根据控制字的内容决定通信时的传输方式以及数据格式等。如异步方式或同步方式，有无奇偶校验，停止位的位数等。
- 状态寄存器，存放接口的各种状态信息，当符合某种状态时，接口中的状态检测逻辑将状态寄存器的相应位置"1"，以便让 CPU 查询。
- 波特率发生器。设定传输波特率。

UART 作为异步串口通信协议的一种，工作原理是将传输数据的每个字符一位接一位地传输。传输协议如图 6-11 所示。

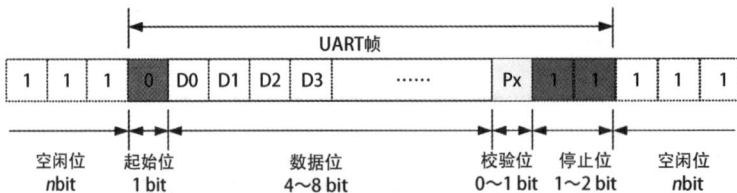

图 6-11　UART 传输协议

空闲位：高电平，表征总线处于空闲状态。

起始位：1 bit 低电平，表征总线开始传输。

数据位：4~8 bit。数据按照 LSB（最低有效位）先传的方式发送。由于 ASCII 码位宽为 8 bit，通常数据位设置为 8 bit。

校验位:0~1 bit。奇偶校验。

停止位:帧结束标识。位宽可配置为 1 bit,1.5 bit,2 bit 3 种情形。

例如:用 UART 传输"Hi",如图 6-12 所示。

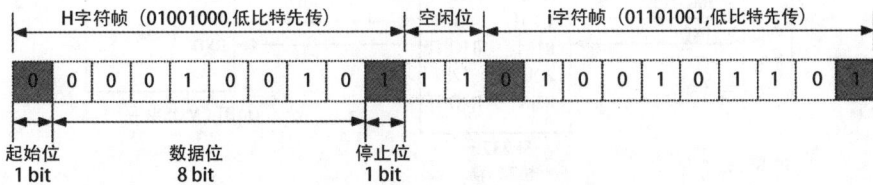

图 6-12　UART 传输"Hi"帧结构

UART 在传递字符时,采用字符的 ASCII 码作为编码方式。

"H"字符 ASCII 码为 0x48,"i"字符 ASCII 码为 0x69。

0x48 的二进制为 01001000;0x69 的二进制为 01101001。

8 位数据位,低位先传,无奇偶校验。

UART 本身并不定义具体的电气标准,而是提供了数据传输的基本框架,可以通过 RS 系列标准实现实际的数据传输。RS 系列标准是指 RS-232、RS-449、RS-423、RS-422 和 RS-485 等电气标准和通信协议,这些标准定义了信号电平、连接方式、传输距离等物理层的参数。可以说 UART 是实现异步串行通信的技术,而 RS 系列标准是用于实现这种通信的电气规范。表 6-7 列出了 RS-232 和 RS-485 标准的对比情况。

表 6-7　RS-232 和 RS-485 标准对比表

|  | RS-232 | RS-485 |
|---|---|---|
| 标准 | 美国电子工业协会于 1962 年发布的串行通信接口标准 | 电子工业协会于 1983 年在 RS-422 工业总线标准的基础之上,制定并发布 |
| 电平 | -15 V~-3 V 代表逻辑"1",<br>+3 V~+15 V 代表逻辑"0" | 正电平在+2 V~+6V 之间;负电平在-2 V~-6 V 之间;<br>逻辑"1"以两线间的电压差+(2~6) V 表示;<br>逻辑"0"以两线间的电压差-(2~6) V 表示;<br>TTL 兼容 |
| 其他 | — | 支持多个分节点,通信距离长 |

LS1B 开发板上集成了 RS-232 调试串口(UART5)、RS-232 串口(UART3)和 RS-485 串口(UART4)各一个。要使用 LS1B 的串口功能,只需设置相应 I/O 口功能,再配置串口波特率等参数即可使用。

PC 端的串口是 RS-232,芯片端的 UART 与 PC 相连时,它需要一个 RS-232 驱动器来转换电平。UART 与 PC 的串口连接时需要电平转换。连接原理图如图 6-13 所示。RS-232 和 CMOS 和 TTL 的电平比较见表 6-8。

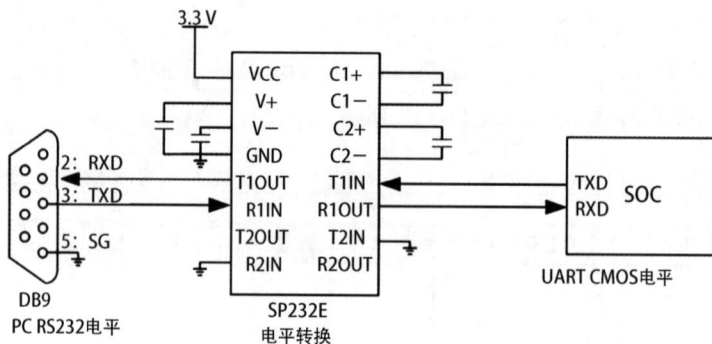

图 6-13　CMOS 与 RS-232 电平转换

表 6-8　TTL、COMS 和 RS232 的电平比较表

| 电平标准 | 输出"1" | 输出"0" | 输入"1" | 输入"0" | 电源工作电压 |
|---|---|---|---|---|---|
| TTL<br>+5 V 为 1,0 V 为 0 | >2.4 V<br>典型值 3.5 V | <0.4 V<br>典型值 0.2 V | >=2.0 V | <=0.8 V | 5 V |
| CMOS | >0.9 * $V_{cc}$ | <0.1 * $V_{cc}$ | >0.7 * $V_{cc}$ | <0.3 * $V_{cc}$ | 3～18 V |
| RS232<br>+12 V 为 1,-12 V 为 0 | -3～-15 V | +3～+15 V | -3～-15 V | +3～+15 V | |

在实验箱中采用了 MAX3232 作为 RS232 的驱动芯片,如图 6-14 所示。

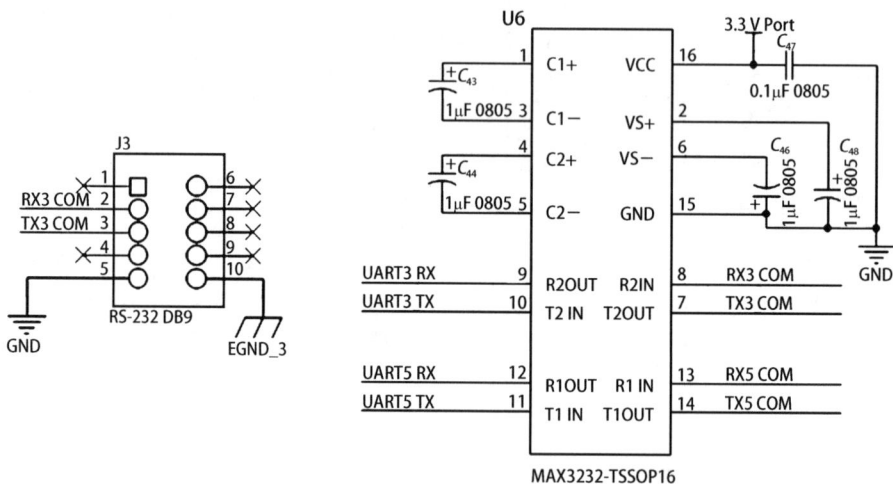

图 6-14　龙芯 1B 的 RS232 及其驱动 MAX3232

## 6.3.2　实验示例

### 1) UART 控制器

龙芯 1B 集成了 12 个 UART 核,通过 APB 总线与总线桥通信。12 个 UART 功能寄存

器完全一样,但基地址不同,如表6-9所示。12个
UART支持全双工异步数据接收/发送、支持Modbus
通信协议、支持接收超时检测、支持带仲裁的多中断
系统,能很好地兼容国际工业标准半导体设备
NS16550A(串口驱动)。UART0和UART1都实现了
一分四功能。

UART控制器包括发送和接收模块(Transmitter
and Receiver)、MODEM模块、中断仲裁模块(Interrupt
Arbitrator)和访问寄存器模块(Register Access
Control)。控制器在设计上能很好地兼容国际工业标
准半导体设备16550A,如图6-15所示。

（1）发送和接收模块。UART的帧结构是通过行
控制寄存器(LCR)设置的,发送和接收器的状态被保
存在行状态寄存器(LSR)中。

**表6-9 龙芯1B的12个UART基地址**

| 接口 | 基地址 |
|------|--------|
| UART0 | 0xbfE40000 |
| UART0_1 | 0xbfE41000 |
| UART0_2 | 0xbfE42000 |
| UART0_3 | 0xbfE43000 |
| UART1 | 0xbfE44000 |
| UART1_1 | 0xbfE45000 |
| UART1_2 | 0xbfE46000 |
| UART1_3 | 0xbfE47000 |
| UART2 | 0xbfE48000 |
| UART3 | 0xbfE4c000 |
| UART4 | 0xbfE6c000 |
| UART5 | 0xbfE7c000 |

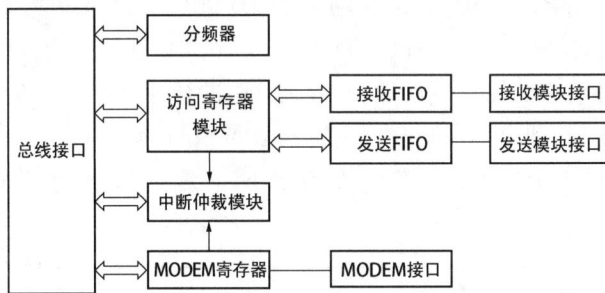

**图6-15 UART控制器**

（2）MODEM模块。MODEM控制寄存器(MCR)控制输出信号DTR和RTS的状态;
监视输入信号DCD、CTS、DSR和RI的线路状态,并将这些信号的状态记录在MODEM状
态寄存器(MSR)的对应位中。

（3）中断仲裁模块。当任何一种中断条件被满足,并且在中断使能寄存器(IER)中相
应位置1,UART的中断请求信号UAT_INT被置为有效状态。UART把中断分为四个级
别,接收线路状态中断、接收数据准备好中断、传送拥有寄存器为空中断、MODEM状态中
断,并且在中断标识寄存器(IIR)中标识这些中断。

（4）访问寄存器模块:当UART模块被选中时,CPU可通过读或写操作访问被地址线
选中的寄存器,如表6-10所示。

**表6-10 UART控制器的寄存器**

| UART控制寄存器 | 说明 |
|----------------|------|
| 数据寄存器(DAT) | LS1B串口发送与接收数据都是通过数据寄存器DAT来实现的 |
| 中断使能寄存器(IER) | |

（续表）

| UART 控制寄存器 | 说明 |
| --- | --- |
| 中断标识寄存器(IIR) | |
| FIFO 控制寄存器(FCR) | |
| 线路控制寄存器(LCR) | 一般设置为 8 个数据位、1 个停止位和无奇偶校验 |
| MODEM 控制寄存器(MCR) | |
| 线路状态寄存器(LSR) | 只读寄存器。主要关注两位：<br>bit0 接收数据有效表示位,bit5 传输 FIFO 为空表示位 |
| MODEM 状态寄存器(MSR) | |
| 分频锁存器 | 串口波特率设置 |

**2) 串行控制台/串口控制台**

有一个特殊的串口控制台,UART5,用于打印输出。也就是说,通过龙芯 1B 这个串口连接 PC,可以直接使用 PC 端的串口助手与龙芯 1B 进行一定的命令交互。在当前的龙芯集成开发工具中,已经集成了这个串口控制台的交互界面,不需要额外的串口助手工具,就可以通过集成开发环境中的控制台功能,与龙芯 1B 进行命令交互。请注意使用该功能时务必确保硬件连接正确,即串口控制台对应的 UART 口与 PC 连接。

注意:使用哪个 UART 口,首先要在 bsp.h 中启用需要的 UART 设备(示例为UART3)。如下:

```
# define BSP_USE_UART3
# define BSP_USE_UART4
# define BSP_USE_UART5       // Console_Port
```

对串口控制台的操作代码在/ls1x-drv/console/console.c 文件中。对于用哪个 UART作为串口控制台的定义在 ls1x-drv/include/ns16550.h 文件中:

# define ConsolePort devUART5    //ns16550.h 中定义 UART5 为串口控制台。

**3) 驱动文件和 UART 读写函数**

驱动:ls1x-drv/uart/ns16550.c         //NS16650 即是串口控制器

头文件:ls1x-drv/include/ns16550.h

ns16550.h 中串口(以 UART3 为例)各成员的定义:

```
static NS16550_t ls1b_UART3 =
{
    .BusClock   = 0,                    //to do initialize
    .BaudRate   = 115200,               //波特率
    .CtrlPort   = LS1B_UART3_BASE,      //串口寄存器基地址
    .DataPort   = LS1B_UART3_BASE,      //串口寄存器基地址
    .bFlowCtrl = false,                 //启用硬件支持
```

```
        . ModemCtrl = 0,//Modem 控制寄存器
        . bIntrrupt = true,//是否使用中断
    . IntrNum    = LS1B_UART3_IRQ,          //系统中断号
        . IntrCtrl  = LS1B_INTC0_BASE,       //中断寄存器
        . IntrMask  = INTC0_UART3_BIT,       //中断屏蔽位
        . dev_name  = "uart3",               //设备名称
    };
```

/* 初始化 UART 与打开 UART(默认为 115200, 8N1)*/

ls1x_uart_init(uart, arg);

ls1x_uart_open(uart, arg);

/* UART 发送字符串:用 UART 口将字符串 buf 的前 size 个字节发送出去*/

ls1x_uart_write(uart, buf, size, arg);

/* UART 接收字符串:用 UART 口接收 size 个字符并存放至字符串 buf 中*/

ls1x_uart_read(uart, buf, size, arg);

**4) 代码示例**

相关代码如下:

```
1.   # include <stdio. h>
2.   # include "ls1b. h"
3.   # include "mips. h"
4.   # include "bsp. h"
5.   # include "ns16550. h"
6.   # include "ls1b_gpio. h"
7.   # define LED4 3
8.   # define ON 1
9.   # define OFF 0
10.  int main(void)
11.  {
12.      printk(" \r\nmain() function. \r\n");
13.      ls1x_drv_init();                     /* Initialize device drivers */
14.      ls1x_uart_init(devUART3, NULL);
15.      ls1x_uart_open(devUART3, NULL);
16.      gpio_enable(LED4, DIR_OUT);
17.      int lednext=1;
18.      char ledoff[]="LED CLOSE \r\n";
19.      char ledon[]="LED OPEN \r\n";
20.      char rbuf0[4];
21.      char rbuf1[4];
22.      char rbuf2[3];
23.      for(;;)
24.      {
25.          ls1x_uart_read(devUART3,rbuf0,4,NULL);
26.          rbuf1[0]=rbuf0[0];
27.          rbuf1[1]=rbuf0[1];
```

```
28.              rbuf1[2]=rbuf0[2];
29.              rbuf2[0]=rbuf0[0];
30.              rbuf2[1]=rbuf0[1];
31.              if(strcmp(rbuf1,"OFF")==0)
32.              {
33.                  lednext=1;
34.                  ls1x_uart_write(devUART3,ledoff, strlen(ledoff), NULL);
35.              }
36.              else if(strcmp(rbuf2,"ON")==0)
37.              {
38.                  lednext=0;
39.                  ls1x_uart_write(devUART3,ledon, strlen(ledon), NULL);
40.              }
                  if(lednext==0)
41.              {
42.                  gpio_write(LED4,ON);
43.              }
44.              else
45.              {
46.                  gpio_write(LED4,OFF);
47.              }
48.              delay_ms(100);
49.          }
50.      return 0;
51.  }
```

**5) 实验现象**

建立好串口连接后,下载 UART3 串口代码。通过串口助手发送"ON"时,实验箱从串口返回"LED OPEN",并点亮 LED4,当电脑发送"OFF"时,实验箱从串口返回"LED CLOSE",并熄灭 LED4。

注:使用串口小工具,务必先打开串口助手工具,打开串口建立连接,再打开开发工具。UART5 也可以直接用调试串口。

6.3.2
实验现象

### 6.3.3  实验习题

学习串口通信原理及串口工具的使用。配置 UART5,通过 IDE 的调试串口完成示例的功能。

进一步,将 LED 作为 GPIO 的输出;通过调试串口输入相应的命令,开启或熄灭流水灯。

## 6.4  系统总线

从电信号角度看,嵌入式产品中连在 PCB 上的设备以及外接的设备大都采用总线方式连接。这些总线的控制器以两种方式存在:集成在处理器内部或以专用芯片形式出现。常用的嵌入式系统总线技术标准:$I^2C$ 总线、SPI 总线、CAN 总线等,如表 6-11 所示。总线分为串行和并行,同步和异步。$I^2C$ 和 SPI 及 UART 都是串行通信,不同的是,UART 是串行端口,而 $I^2C$ 和 SPI 是串行总线,有时钟信号需要同步,因此称为同步串行总线。

表 6-11　几种串行通信对比表

|  | UART（Universal Asynchronous Receiver/Transmitter） | $I^2C$/IIC（Inter-Integrated Circuit） | SPI（Serial Peripheral Interface） |
|---|---|---|---|
| 双工 | 异步,全双工 | 同步,半双工 | 同步,全双工,高速 |
| 收发 | TX,发送<br>RX,接收 | SDA,串行数据线<br>SCL,串行时钟线 | MISO,主设备数据输入<br>MOSI,主设备数据输出<br>SCLK,时钟<br>CS,片选 |
| 应用 | 用于主机与辅助设备通信 | 支持多主控 $I^2C$ 总线 | 支持多模块 SPI 环形总线 |

总线时序的习惯性约定如图 6-16 所示。

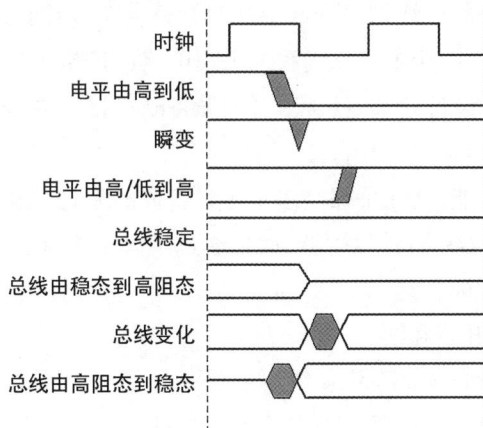

图 6-16　总线时序的习惯约定

## 6.4.1　集成电路总线 $I^2C$

$I^2C$ 总线(Inter-Integrated Circuit,IIC 也是常用写法)是 1980 年代初由 Philips 公司开发的一种双向二线制同步串行总线,是一个廉价优质的总线,适用于消费电子、通信电子、工业电子等领域的低速器件。它是目前 SoC 控制外围设备的常用总线。

### 1) $I^2C$ 的技术特点(图 6-17)

■ 双向两总线。

物理上一共有两条信号线和一条地线:两条信号线分别为串行数据线(SDA,Serial Data)和串行时钟线 (SCL,Serial Clock)。$I^2C$ 总线每个设备 SCL/SDA 线通过一个电流源或上拉电阻连接到正的电源电压上。

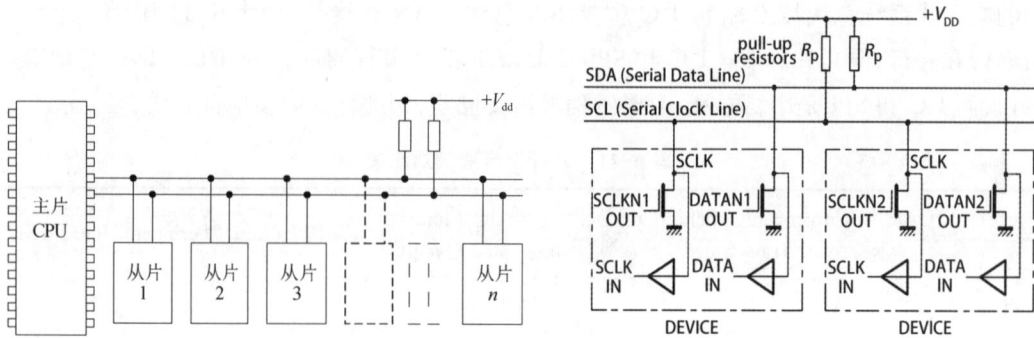

图 6-17  I²C 的连接原理

传输上是一个串行的 8 位双向数据传输总线。在标准模式下，数据传输速率为 100 kb/s；在快速模式下，数据传输速率为 400 kb/s；在高速模式下，数据传输速率为 3.4 Mb/s。

■ 真正多主总线，可以有许多主机共挂于一条总线上。

设备使用集电极开路门以线与（Wired-AND）方式与 I²C 连接。I²C 总线中的每一个设备都有唯一的 7 位地址，即一个 I²C 总线系统中理论上可挂接 128 个不同地址的设备。

采用 I²C 总线连接的设备处于主从模式，主设备既可接收数据，也可发送数据。每一个设备都可以作为主设备或者是从设备。

含冲突检测和竞争功能，从而确保当多个主设备同时发送数据时不会造成数据冲突。

I²C 总线不设置仲裁器和时钟发生器，而是通过定义一个仲裁过程来实现总线仲裁，并由仲裁胜利方提供总线时钟。

■ 集电极开路、漏极开路和线与

集电极开路（Open Collector），俗称 OC 门，是一种集成电路的输出装置，相当于一个晶体管在集电极与电源之间没有接通。输出设备若为场效应晶体管（MOSFET），则称之为漏极开路（Open Drain），俗称 OD 门，工作原理与 OC 门相仿。OC 门和 OD 门的工作原理参见本书第 2 章 2.3 节。

OC 门或 OD 门电路的特点是输出端的集电极或漏极是开路的，即与电源或地之间不直接相连，而是需要通过外接电阻才能形成完整的输出电路。这种结构使得 OC 门或 OD 门的输出端可以直接并联，实现逻辑与的关系，称为线与（Wired-AND）。

**2）I²C 的传输规范**

I²C 通信时，主机负责产生时钟信号和起始与结束信号。SCL 为高电平时，SDA 由高电平向低电平跳变，标志着开始传输数据；SCL 为高电平时，SDA 由低电平向高电平跳变，标志着结束传输数据。在传输过程中，当 SCL 为高电平（SCL＝1）时，数据线 SDA 必须保持稳定状态，不允许有电平跳变；只有当 SCL 处于低电平期间，SDA 的高、低电平才可以交替变化，如图 6-18 所示。

I²C 通信的地址和数据都以 8 bit 为单位传输，即传送到 SDA 线上的信息必须以字节为

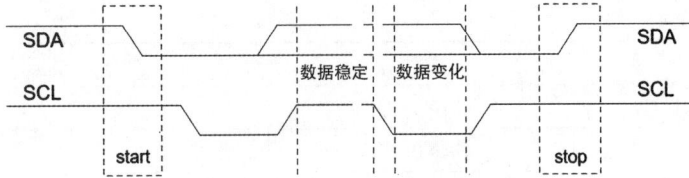

图 6-18 I²C 的传输规范

单位,且首先传输最高有效位(Most Significant Bit, MSB)。如果接收端正确接收了 8 bit 数据,则回复一个 bit 的"0"信号——ACK 信号(SCL 高电平,SDA 低电平);如果未正确接收 8 bit 数据,或者接收端不再接收数据,则回复一个 bit 的"1"信号——NACK 信号(SCL 高电平,SDA 高电平)。即每 8 bit 数据,就会跟 1 bit ACK/NACK 信号。如图 6-19 和 6-20 所示。

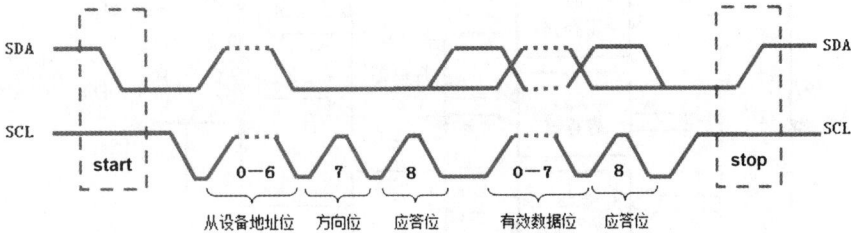

图 6-19 I²C 的帧格式

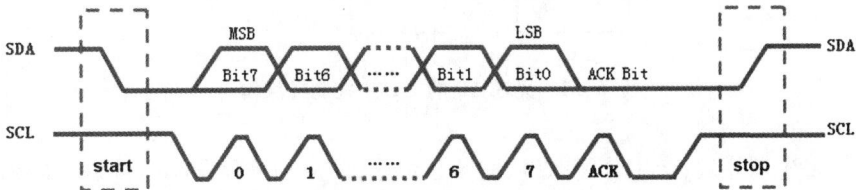

图 6-20 I²C 的字节传输

发送方发送完成 8 bit 数据后,紧随的下一个时钟周期,发送方释放 SDA 线,接收方发送一个 ACK/NACK 信号,用于应答发送方接收状态。

### 3) 龙芯 1B 的 I²C 控制器

LS1B 芯片集成了 3 路 I²C 接口,最高传送速率达 400 kb/s。

第一路(I²C0)用了 GPIO32 和 33 脚,接板载 ADC 和 DAC,并有插针引脚引出。第二路(I²C1)和第三路(I²C2)分别与 CAN0 和 CAN1 复用(表 6-12)。

表 6-12　龙芯 1B 的 I²C 引脚及说明

| I²C | PIN | 说明 |
|---|---|---|
| I2C_SDA0 | GPIO33 | 内部无上拉复位输入 |
| I2C_SCL0 | GPIO32 | 内部无上拉复位输入 |

（续表）

| I²C | PIN | 说明 |
|---|---|---|
| I2C_SDA1 | CAN0_RX | |
| I2C_SCL1 | CAN0_TX | |
| I2C_SDA2 | CAN1_RX | |
| I2C_SCL2 | CAN1_TX | |

I²C 的输入/输出受控制器控制,龙芯 1B 的 I²C 主控制器结构如图 6-21 所示。

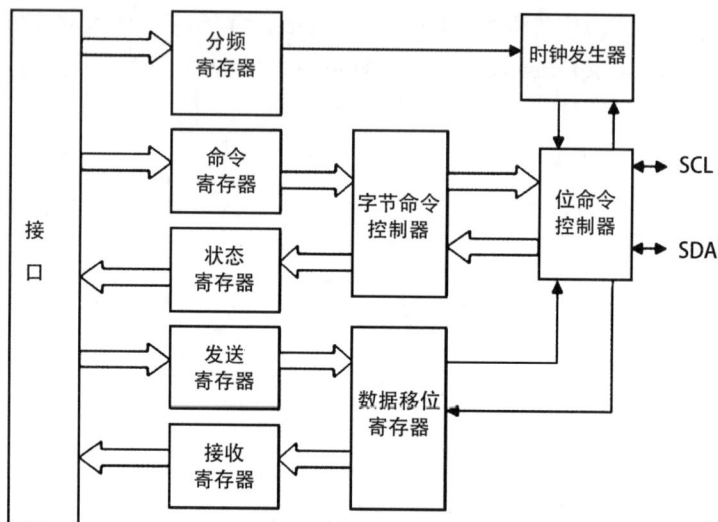

图 6-21　龙芯 1B 的 I²C 主控制器结构

- 时钟发生器模块:产生分频时钟,同步位命令,由分频寄存器和时钟发生器组成;
- 字节命令控制器模块:将一个命令解释为按字节操作的时序,即把字节操作分解为位操作,包括字节命令控制器、命令寄存器和状态寄存器;
- 位命令控制器模块:进行实际数据的传输,以及位命令信号产生,主要由位命令控制器完成;
- 数据移位寄存器模块:串行数据移位,由数据移位寄存器、发送寄存器和接收寄存器组成。

三路 I²C 的主控制器寄存器物理基地址分别如下:

I²C0 模块寄存器物理地址基址为:0xbfe58000,地址空间 16 kB。

I²C1 模块寄存器物理地址基址为:0xbfe68000,地址空间 16 kB。

I²C2 模块寄存器物理地址基址为:0xbfe70000,地址空间 16 kB。

## 6.4.2　串行外设接口 SPI

串行外围设备接口( Serial Peripheral Interface , SPI)是 Motorola 公司推出的一种同步串

行接口技术。SPI 总线属于一主多从接口,采用 CS 片选来控制主机与从机通信(图 6-22)。SPI 已经成为一种高速、同步、双工的通用标准,用于微控制器(MCU)连接外部设备之间的同步串行通信,如存储器、显示器、传感器等。

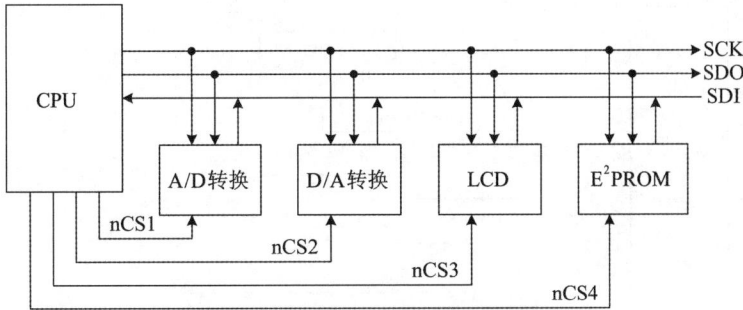

图 6-22　SPI 的连接示意图

SPI 主要用于主从分布式的通信网络。在芯片的管脚上占用 4 根线,以主从模式工作,产生时钟的一侧称为主机,另一侧称为从机,可以实现多个 SPI 设备互相连接。主机的这 4 根接口线分别是:串行时钟(Serial Clock , SCLK)、数据发送(Master Output Slave Input, MOSI)、数据接收(Master Input Slave Output , MISO)、片选(CS);从机的 4 根线为:串行时钟(SCLK)、数据输入(Slave Data Input,SDI)、数据输出(Slave Data Output, SDO)、片选(CS)。如果是单向传输,用 3 根接口线也可以,把 SDI 和 SDO 合并成一根线。四线制全双工,三线制半双工。

SPI 标准中没有定义最大数据速率,取决于外部设备。自己定义的最大数据速率,通常为 5 Mbps 量级以上。微处理器可以适应很宽范围的 SPI 数据速率。

龙芯 1B 集成的 SPI 控制器仅可作为主控端,所连接的是从设备。对于软件而言,SPI 控制器除了有若干 I/O 寄存器外还有一段映射到 SPI Flash 上的只读内存空间。如图 6-23。

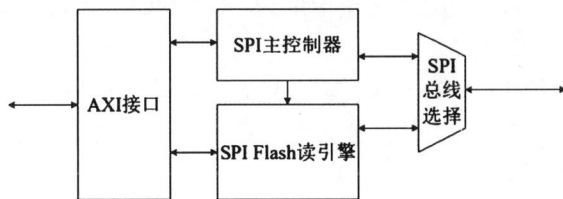

图 6-23　SPI 控制器架构

如果将这段内存空间分配在 0xbfc00000,复位后不需要软件干预就可以直接访问,从而支持处理器从 SPI Flash 启动。龙芯 1B 集成了 SPI0 和 SPI1 两个串行外设总线接口。SPI0 的 I/O 寄存器的基地址为 0xbfe80000,外部存储地址空间是 0xbf00 0000-0xbf7f ffff 共 8 MB,支持系统启动。SPI1 和 SPI0 的实现一样,系统启动地址不会映射到 SPI1 控制器,所以 SPI1 不支持系统启动。SPI1 的外部存储地址空间是 0xbf80 0000-0xbfbf ffff 共 4 MB。

SPI 主控制器的结构如图 6-24 所示。系统寄存器包括控制寄存器、状态寄存器和外部寄存器。分频器生成 SPI 总线工作的时钟信号。数据读、写缓冲器（FIFO）允许 SPI 同时进行串行发送和接收数据。

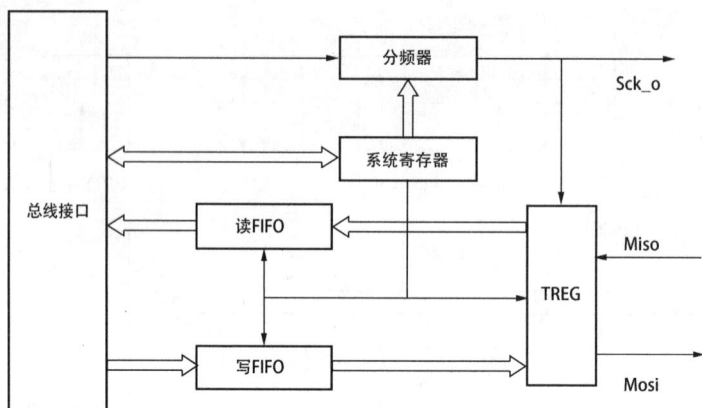

图 6-24　SPI 主控制器结构

## 6.4.3　I²C 实验示例

### 1) I²C 上的 ADC 和 DAC

由于 LS1B 芯片内部没有集成的 ADC 与 DAC 控制器，开发板上使用了 MCP4725 芯片，一款低功耗、高精度、单通道的 12 位缓冲电压输出数模转换器（Digital-to-Analog Convertor，DAC），即分辨率为 $2^{12}$ 或 DAC 代码范围为 0～4095。分辨率是指划分满量程范围的 DAC 输出状态数。

开发板上还使用了 ADS1015 芯片作为 ADC，它是兼容 I²C、具有 4 个单端输入的 12 位高精度低功耗模数转换器（ADC）。ADS1015 的工作模式有两种：连续转换模式或单次转换模式。可在配置寄存器的 MODE 中选择各自的操作模式，0-连续转换模式；1-单次转换模式。

二者接在 I²C0 上，ADS1015 的七位地址为 0x48；MCP4725 的七位地址为 0x60。

ADC 与 DAC 硬件设计：

MCP4725 的 $V_{out}$ 连 LEDDA，同时作为 ADS1015 的模拟输入连接 AIN0；当对 MCP 的 DA 值进行设置时，$V_{out}$ 会有相应的模拟输出，LEDDA 灯的亮度会有相应的变化，如图 6-25（a）、（c）和图 6-26 所示。

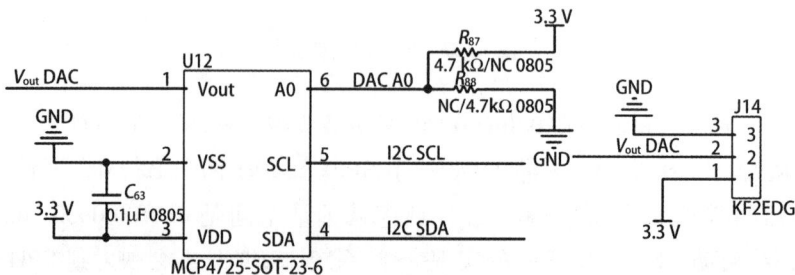

（a）DAC

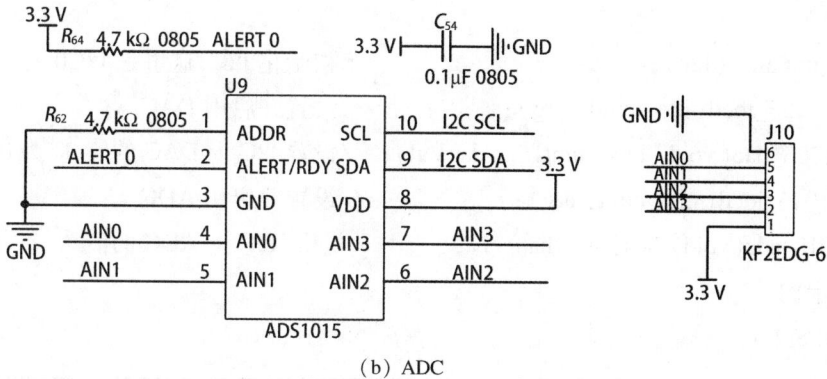

（b）ADC

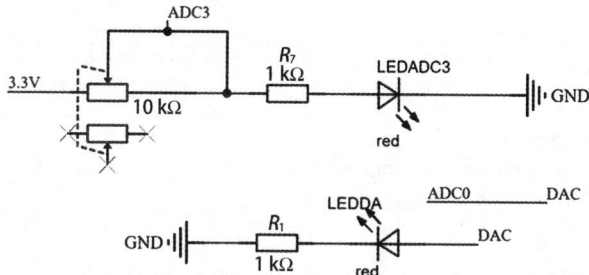

（c）ADC 和 DAC 的外围电路

图 6-25　龙芯 1B 的 ADC 和 DAC 原理图

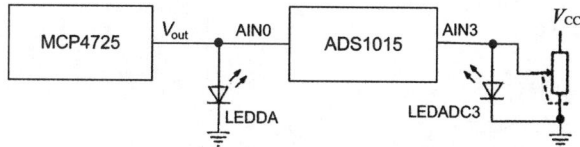

图 6-26　ADC 和 DAC 在实验中的连接

ADS1015 的模拟通道 3 接 AIN3 连滑动变阻器,同时并联一个 LEDADC3;改变滑动变阻器的值,LEDADC3 灯的亮度发生改变,同时读取 ADC 采样值(AD 采样通道 3),该值也会发生改变,如图 6-25(b)、(c)和图 6-26 所示。

**2）相关文件和函数**

在 bsp.h 中启用 I2C0 与 ADC 和 DAC 芯片:

# define BSP_USE_I2C0　　　　　　//使用 I2C0

　# define ADS1015_DRV　　　　　　//4 路 12bit ADC

　# define MCP4725_DRV　　　　　　//1 路 12bit DAC

并在工程代码中添加头文件:

# include "ls1x_i2c_bus.h"

# include "ls1x-drv/include/i2c/ads1015.h"

# include "ls1x-drv/include/i2c/mcp4725.h"

函数:

```
ls1x_i2c_initialize(i2c);                       //初始化 I2C,这里是 I2C0
ls1x_mcp4725_ioctl(i2c, cmd, arg);              //设置并启用 DAC
set_mcp4725_dac(void* bus, uint16_t dacVal);    //设置 I2C 上 DAC 的值,应为 0~4095
ls1x_ads1015_ioctl(i2c, cmd, arg);              //设置并启用 ADC
get_ads1015_adc(void* bus, int channel);        //获取 I2C 上 ADC 的值
```

**3) 代码示例**

代码示例如下:

```
1.   # include <stdio.h>
2.   # include "ls1b.h"
3.   # include "mips.h"
4.   # include "bsp.h"
5.   # include "ls1x_i2c_bus.h"
6.   # include "ls1x-drv/include/i2c/ads1015.h"
7.   # include "ls1x-drv/include/i2c/mcp4725.h"

8.   externint set_mcp4725_dac(void* bus, unsigned short dacVal);

9.   int main(void)
10.  {
11.      printk("\r\nmain() function.\r\n");
12.      //内存堆初始化
13.      lwmem_initialize(0);
14.      //打开显示
15.      //初始化 I2C0 控制器
16.      ls1x_i2c_initialize(busI2C0);
17.      //打印 MCP4725 芯片的配置
18.      ls1x_mcp4725_ioctl(busI2C0,IOCTL_MCP4725_DISP_CONFIG_REG,NULL);
19.      //打印 ADS1015 芯片的配置
20.      ls1x_ads1015_ioctl(busI2C0,IOCTL_ADS1015_DISP_CONFIG_REG,NULL);

21.      printk("\n");
22.      chartbuf[40]={0},sbuf[40]={0}; //tbuf 是 DAC 的 D 值;sbuf 是 ADC 的 D 值。
23.      unsigned short dac=0, adc=0;

24.      while(1)
25.      {
26.          sprintf((char*)tbuf,"MCP4725_write_adc: dac = %d",dac);
27.          set_mcp4725_dac(busI2C0,dac); //通过 DAC 输出设定值
28.          dac += 400;   //每次自加 400,灯 LEDDA 亮度随之改变
29.          if(dac>4096)
30.              dac = 0;

31.          //ADS1015 的通道 3 采集模拟量值,模拟量通过滑动变阻器改变
32.          adc = get_ads1015_adc(busI2C0, ADS1015_REG_CONFIG_MUX_SINGLE_3);
```

```
33.            sprintf((char *)sbuf,"ADS1015_get_adc: adc = %d",adc);
34.            printk("%s\n%s\n\n",tbuf,sbuf);
35.            delay_ms(500);
36.        }
37.     return 0;
38. }
```

#### 4) 实验现象

LEDDA 的亮度随 DAC 输出的周期变化而周期改变。LEDADC3 灯的亮度随滑动变阻器的改变而发生改变,并通过 ADC 采集模拟量的数值。

通过串口控制台可看到 DAC 和 ADC 的数值。

6.4.3
实验现象

### 6.4.4 实验习题

学习 ADC 与 DAC 的原理,学会使用龙芯 I²C 上 ADC 与 DAC 的方法。重现示例现象,旋转滑动变阻器,改变阻值,观察灯的亮灭,记录串口控制台返回的 ADC 采集模拟量(ADC3 通道)的数值(ADS1015_get_adc)。

将示例中的 ADC 通道 3 改为通道 0,此时 ADC 采集的是 DAC 的输出。通过串口控制台,可以看到 DAC(MCP4725_write_adc)和 ADC(ADS1015_get_adc)的数值(Data)都在周期变化,记录下来,试着分析二者的关系。

## 6.5 PWM

### 6.5.1 基本原理

PWM(Pulse Width Modulation)脉冲宽度调制是一种广泛用于控制模拟电路的技术,通过生成的方波信号的脉冲宽度(占空比)变化来模拟不同的电压级别(图 6-27)。

PWM 控制的理论依据是采样控制理论中的面积等效理论,即冲量相等而形状不同的窄脉冲加在具有惯性的环节上时,其效果基本相同。PWM 信号是数字的,它是一种对模拟信号电平进行数字编码的方法。电压或电流源是以一种通(ON)或断(OFF)的重复脉冲序列被加到模拟负载上去的。通时供电被加到负载上,断时供电被断开。只要带宽足够,任何模拟值都可以使用 PWM 进行编码。

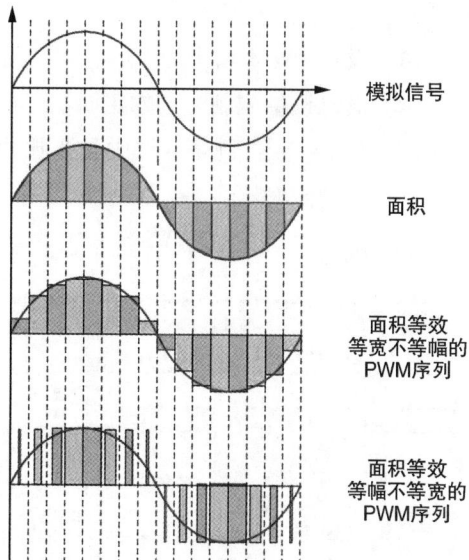

PWM 编码通常用于控制电机速度、调整

模拟信号

面积

面积等效
等宽不等幅的
PWM 序列

面积等效
等幅不等宽的
PWM 序列

图 6-27 PWM 脉冲宽度调制

LED 灯的亮度,或作为数字信号和模拟信号间的转换手段。PWM 有几个基本的概念:频率、脉宽和占空比。

- 频率(Frequency)是指在一秒钟内的周期数,通常以赫兹(Hz)为单位。不同的应用可能需要不同的频率。例如,控制 LED 灯光亮度可能不需要很高的频率,而电机控制可能需要更高的频率以避免振动或噪声。通常 PWM 调制频率为 1 kHz 到 200 kHz 之间。
- 脉冲宽度(Pulse Width)是单个周期内,PWM 信号保持高电平的时间长度,它通常与占空比直接相关。
- 占空比(Duty Cycle)指的是一个周期内,信号为高(或逻辑"1")的部分占整个周期的百分比。例如,如果一个 PWM 信号周期为 10 ms(即频率为 100 Hz),而信号为高电平的时间为 2 ms,那么占空比为 20%(图 6-28)。

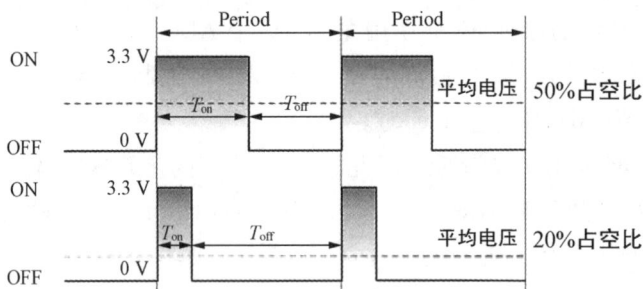

图 6-28 占空比

许多微控制器内部都包含有 PWM 控制器,控制器可以配置接通时间和周期,占空比是接通时间与周期之比,调制频率为周期的倒数。输出 PWM 控制信号的一般操作流程为(图 6-29a):

(1) 设置 PWM 输出的方向,这个输出是一个通用 I/O 管脚;
(2) 设置提供调制方波的定时器/计数器的周期;
(3) 在 PWM 控制寄存器中设置脉冲宽度;
(4) 启动定时器;
(5) 使能 PWM 控制器。

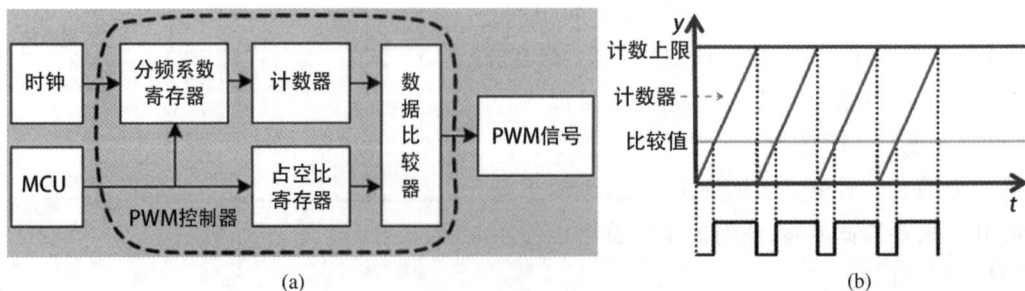

图 6-29 PWM 产生原理

每个定时器工作周期,计数器计数 1 次,经过计数上限次计数,形成一个具有一定占空比的波形。这个波形中,比较值是高低电平的分界计数点(图 6-29b)。

例如比较值 100,计数上限 1000,则 100 后的均为高,占空比是 9/10。假设定时器工作周期是 20 ns,则一个方波的周期是 1000 * 20 ns。

## 6.5.2 实验示例

LS1B 芯片集成了 4 路脉冲宽度调节/计数控制器(PWM),每路 PWM 的工作和控制方式完全相同。

每路 PWM 有一个脉冲宽度输出信号(pwm_o),系统时钟为 100 MHz。

每路控制器有 4 个寄存器,分别是:主计数器(CNTR)、高脉冲定时参考寄存器(HRC)、低脉冲定时参考寄存器(LRC)和控制寄存器(CTRL)。

是否开始计数(PWM 输出),脉冲产生方式、中断使能、模式选择都由控制寄存器 CTRL 设定。计数器和参考寄存器均为 24 位数据宽度。

PWM 高低脉宽(ns)和时钟个数有如下关系,最小是一个时钟周期:

$$clocks = (unsignedint)((double)ns * bus\_freq / 1000000000.0)$$
$$PWM\ ns = (clocks / bus\_freq) * 1000000000.0$$

实验箱的硬件连接如图 6-30 所示;PWM2 和 GPIO2 复用,而 PWM3 和 GPIO3 复用,因此调节 PWM2 的输出可以控制 $LED_3$ 的亮度和亮灭,调节 PWM3 的输出可以控制 $LED_4$ 的亮度和亮灭。

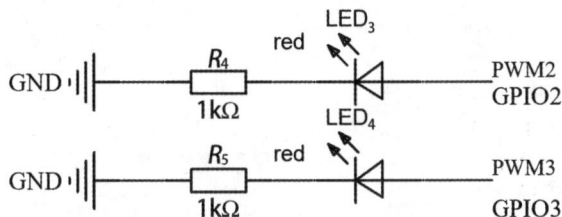

图 6-30 实验箱的 PWM 连接

**1)相关文件和函数**

注意:在 bsp.h 中启用需要的 PWM:

  # define BSP_USE_PWM2

/ ls1x-drv/pwm/ ls1x_pwm.c

/ls1x-drv/include/ ls1x_pwm.h

    ls1x_pwm_pulse_start(void * pwm, pwm_cfg_t * cfg);   //使用设置好参数的 cfg 使能 pwm 设备

    ls1x_pwm_pulse_stop(void * pwm);           //停止 pwm 设备

| PWM 参数的结构体 | 说明 |
|---|---|
| typedef struct pwm_cfg<br>{<br>/ * 高电平脉冲宽度(ns),定时器模式仅用 hi_ns * /<br>    unsigned int hi_ns;<br>/ * 低电平脉冲宽度(ns),定时器模式没用 lo_ns * /<br>    unsigned int lo_ns;<br>/ * pulse or timer,定时器工作模式 * /<br>    int mode;<br>/ * 用户自定义中断函数 * /<br>    irq_handler_t isr;<br>/ * 定时器中断回调函数 * /<br>    pwmtimer_callback_t cb;<br>} pwm_cfg_t; | 定义 PWM 高电平和低电平的时长,例如:<br>  cfg. isr = NULL;<br>   cfg. mode =<br>    PWM_CONTINUE_PULSE;<br>  cfg. cb = NULL;<br>  cfg. hi_ns = 4900;<br>  cfg. lo_ns = 100; |

## 2)代码示例

代码示例如下:

```
1.    # include <stdio. h>
2.    # include "ls1b. h"
3.    # include "mips. h"
4.    # include "bsp. h"
5.    # include "ls1b_gpio. h"
6.    # include "ls1x_pwm. h"

7.    int main(void)
8.    {
9.        gpio_enable(3, DIR_OUT);
10.       gpio_write(3,1);
11.       unsigned int Rv = 0, dir = 1; //Rv: Reference value
12.       pwm_cfg_t cfg;
13.       cfg. isr = NULL;
14.       cfg. mode = PWM_CONTINUE_PULSE;
15.       cfg. cb = NULL;

16.       while(1)
17.       {
18.
19.           cfg. hi_ns = 5000-Rv * 100;
20.           cfg. lo_ns = Rv * 100;
21.           printk("Rv=%d \n", Rv);
22.           printk("cfg. lo_ns=%d/n", cfg. lo_ns);
23.           ls1x_pwm_pulse_start(devPWM2, & cfg);
24.           delay_ms(20);
25.           ls1x_pwm_pulse_stop(devPWM2);

26.           if(Rv == 50)
```

```
27.          {
28.                dir = 0;
29.          }
30.          if( Rv == 1 )
31.          {
32.                dir = 1;
33.          }

34.          if( dir )
35.          {
36.                Rv++;
37.          }
38.          else
39.          {
40.                Rv--;
41.          }
42.     }
43.     return 0;
44. }
```

**3）实验现象**

实验示例是用 PWM2 实现脉冲输出，控制 LED$_3$ 呈现呼吸灯效果。PMM 脉宽为 5 000 次个工作周期，脉冲低电平宽度从 0 个依次以 100 往上递增到 5 000，然后又从 5 000 递减到 0，如此往复；即脉宽为（5 000 * PMW 时钟周期），脉冲占空比随着 $R_v$ 的变化而变化；每个亮度保持 20 ms；LED$_3$ 的亮度也会跟着从亮到暗，然后又从暗到亮。PWM 实现的流程如图 6-31 所示。

6.5.2
实验现象

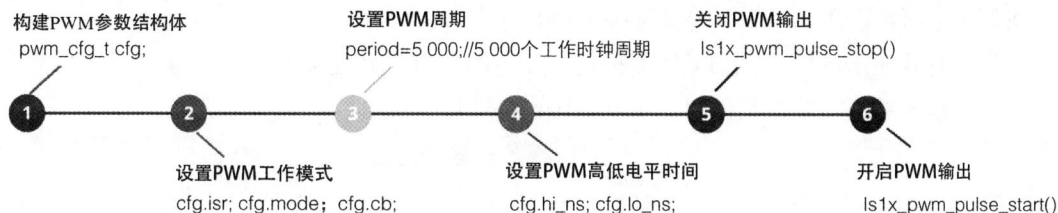

图 6-31　PWM 实现流程

其中调整 PWM 参数的结构体 cfg 中 cfg. hi_ns 与 cfg. lo_ns 的比例即是调整 PWM 的占空比。

## 6.5.3　实验习题

理解脉宽调制原理，实现呼吸灯。通过改变占空比改变灯的亮度；通过改变设定占空比的 PWM 输出时长改变呼吸节奏。

拓展习题：用 GPIO 的输入/输出模拟呼吸灯的现象，比较和 PWM 实现的不同。

## 6.6 LCD 显示

### 6.6.1 基本概念和种类

传统的显示器原理是基于 CRT(阴极射线管);现在常用的平板显示器按照发光源分为被动发光和主动发光(图 6-32)。被动发光的显示器本身不发光,而是利用显示媒质被电信号调制后,其光学特性发生变化,对环境光和外加电源(背光源、投影光源)发出的光进行调制,在显示屏或银幕上进行显示。

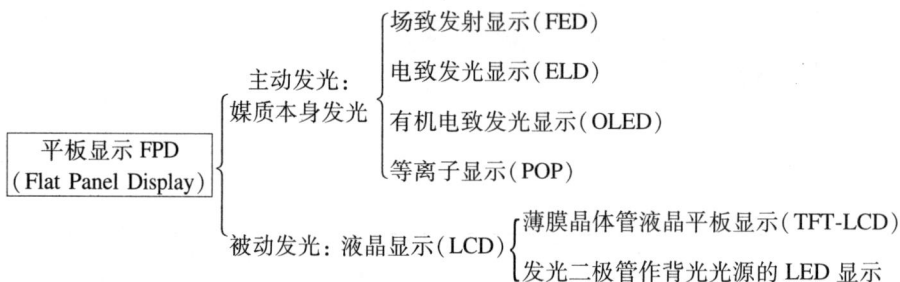

图 6-32 平板显示的分类

LCD 屏常用的参数:

(1) 像素点,是显示器显示画面的最小发光单位,由红、绿、蓝 3 个像素单元组成。

(2) 分辨率,指的是像素点的数目,指可以显示出的水平和垂直像素的数组。

例如分辨率为 1 920×1 080,就是指水平为 1 920 个像素点,竖直为 1 080 个像素点,也就是我们平常所说的 1 080 p;2k 是 2 560×1 440;4k 是 3 840×2 160。

(3) 有效显示区域,是指 LCD 面板的显示范围。有效宽度×有效长度,就是 LCD 的分辨率。显示区域及主要参数说明如图 6-33 和表 6-13 所示。

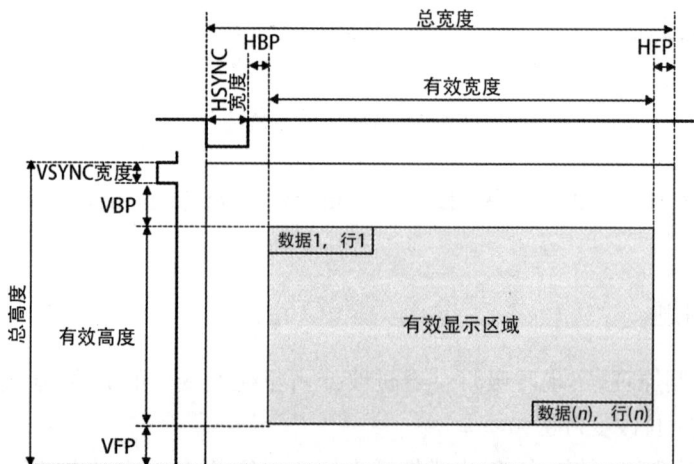

图 6-33 LCD 显示参数

表 6-13 LCD 显示参数

| 参数 | 说明 |
| --- | --- |
| HSW：horizontal sync width | 水平同步脉宽，单位为像素时钟（CLK）个数 |
| VSW：vertical sync width | 垂直同步脉宽，单位为行周期个数 |
| HBP：horizontal back porch | 水平后廊，表示水平同步信号开始到行有效数据开始之间的像素时钟（CLK）个数 |
| HFP：horizontal front porch | 水平前廊，表示行有效数据结束到下一个水平有效信号开始之前的像素时钟（CLK）个数 |
| VBP：vertical back porch | 垂直后廊，表示垂直同步信号后，无效行的个数 |
| VFP：vertical front porch | 垂直前廊，表示一帧数据输出结束后，到下一个垂直同步信号开始之前的无效行数 |

一个屏的显示是对整屏的像素点从左到右逐行扫描，根据所给的像素信息逐个点亮。屏幕从第一行到最后一行为一帧，如图 6-34 所示。

下面以 480 ∗ 800 的 LCD 屏为例来说明行扫描的时序。480 ∗ 800，即 480 行，每行 800 个像素点。假设每个像素由 RGB 3 个元素组成，每个元素由 8 bit 组成，即每个像素需要传输 24 bit 数据，每个像素时钟传输一个像素的数据（24 bit），800 个时钟就填完了 800 个像素点数据。

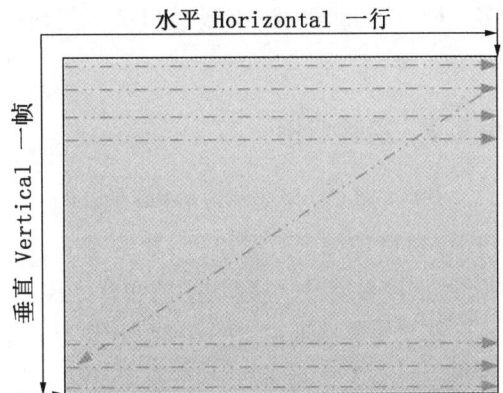

图 6-34 屏的帧扫描

如图 6-35 所示，当 HSYNC 产生了如图中箭头所示的变化，表示新的一行数据传送开始。当 ENB 信号线上高电平期间，传输的数据为有效数据。

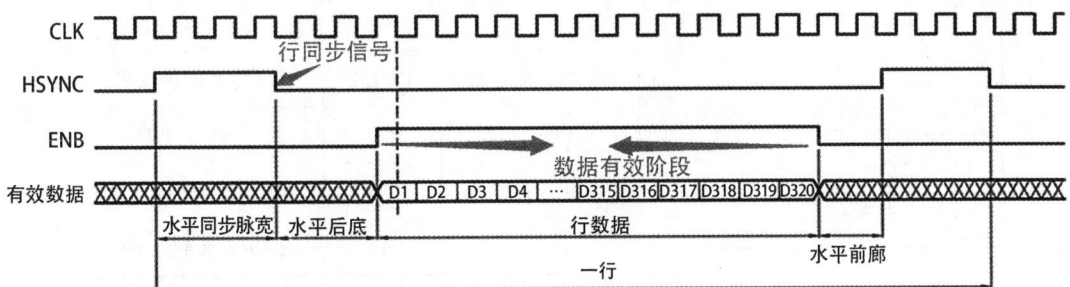

图 6-35 行扫描时序图

LCD 屏的接口主要有 RGB、LVDS、EDP、MIPI、MCU、SPI 等。

RGB（Red Green Blue，色彩模型）是工业界的一种颜色标准，通过对红（Red）、绿

（Green）、蓝（Blue）3 个颜色通道的变化以及它们相互之间的叠加来得到各式各样的颜色。通常每个颜色通道由 8 bit 表示，即每个颜色通道值的范围是 0 ~ 255，通常称为 RGB888/ RGB24。

LVDS（Low Voltage Differential Signaling，低压差分信号技术接口）是一种数字视频信号传输方式，其克服了以 TTL 电平方式传输宽带高码率数据时功耗大、EMI 电磁干扰大等缺点。

EDP（Embedded Display Port，基于 Display Port 架构和协议的全数字化接口）。可以用较简单的连接器以及较少的引脚来传递高分辨率信号，且能够实现多数据同时传输。

MIPI（Mobile Industry Processor Interface，移动行业处理器接口）是 MIPI 联盟发起的为移动应用处理器制定的开放标准。目前比较成熟的接口应用有 DSI（显示接口）和 CSI（摄像头接口）。

MCU 接口主要针对单片机领域，接口的标准是英特尔提出的 8080 总线标准，因此在很多文档中用 I80 来指 MCU 接口屏。其数据传输有 8 位，16 位，18 位，24 位。龙芯 1B 默认 16 位。

## 6.6.2 实验示例

龙芯的 LCD 屏是 480 * 800 的 TFT 屏；RGB 接口，通过一个 40 PIN 的 FPC 座（0.5 mm 间距）和 FPC 线来实现和 LS1B 的连接。该接口采用 RGB888 格式，并支持 DE 和 SYNC 模式，还支持触摸屏（电容/电阻）和背光控制。

其硬件连接示意如图 6-36 所示，信号说明如表 6-14 所示。

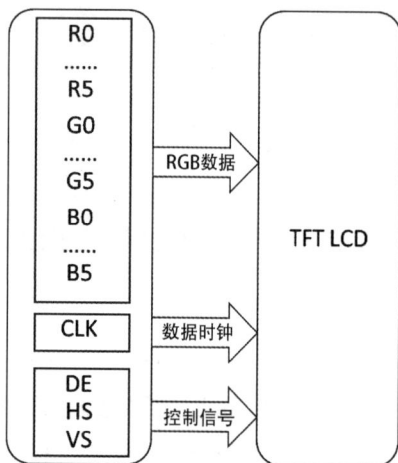

图 6-36 龙芯 1B 的 LCD 接口

表 6-14 龙芯 1B 的 LCD 接口

| | 信号 | 说明 |
|---|---|---|
| 数据线 | R[0:7] | 红色数据线，一般为 8 bit |
| | G[0:7] | 绿色数据线，一般为 8 bit |
| | B[0:7] | 蓝色数据线，一般为 8 bit |
| 时钟线 | DCLK | 像素时钟信号 |
| 控制线 | DE | 数据使能 |
| | VS | Vsync 垂直同步信号 |
| | HS | Hsync 水平同步信号 |

LS1B 集成了 LCD 控制器 Display Controller，用于读取指针数据和图像数据，通过对这些数据进行格式转换、颜色抖动、gamma 调整等步骤生成最终的数据并输出，同时为两个显示处理单元产生同步信号和数据使能信号，最后将处理后的图像数据和同步信号发往显示接口。

与 LCD 控制器相关的寄存器有帧缓冲配置寄存器（Frame Buffer Configuration），晶面板配置寄存器（Pannel Configuration），水平显示宽度寄存器（HDisplay），行同步配置寄存器（HSync），垂直显示高度寄存器（VDisplay）和场同步配置寄存器（Vsync）。在驱动代码中会看到相关的缩写，例如 FB 代表的是显示帧缓冲寄存器。

实验箱上 LCD 的硬件连接如图 6-37 所示。

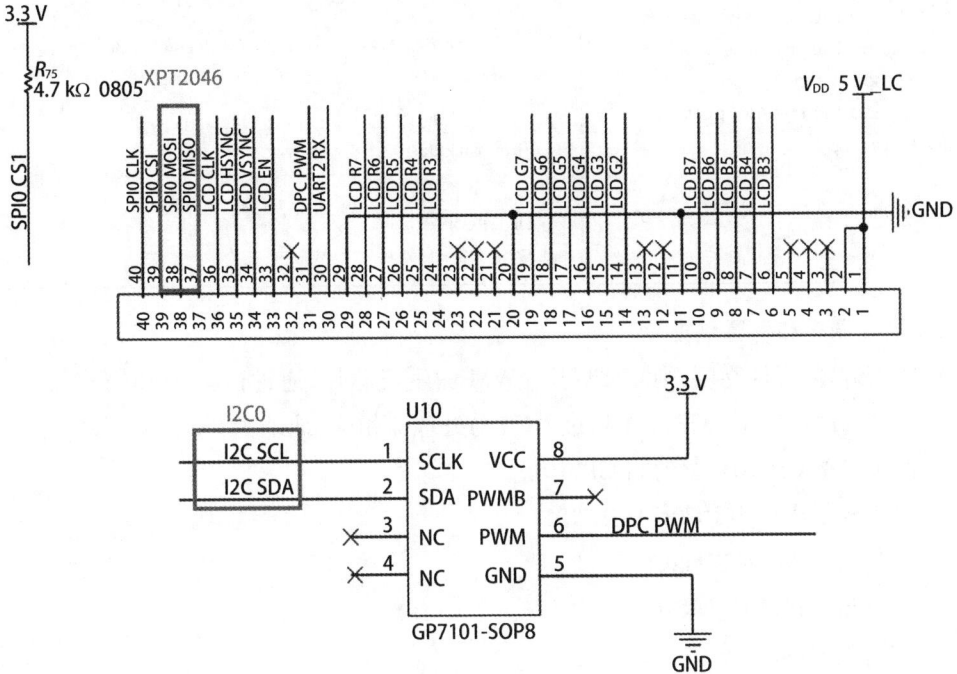

图 6-37　龙芯 1B 实验箱的 LCD 硬件连接

### 1）相关文件和函数

注意：在 bsp.h 中启用 FB：#define BSP_USE_FB

/ ls1x-drv/fb/ls1x_fb_hw.h

/ ls1x-drv/fb/ls1x_fb_utils.c

　　fb_open(void);　　　　　　　　　　//打开 FB

　　fb_textout(int x, int y, char*str);　//在屏幕上 x,y 处显示字符串

/ ls1x-drv/fb/ls1x_fb.c

　　定义 LCD 屏相关的参数结构体 vga_struc_t

/ls1x-drv/include/ls1x_fb.h

　　定义 DC 控制器结构体 LS1x_DC_dev_t

| / ls1x-drv/fb/ls1x_fb.c 中 LCD 屏参结构体<br>vga_struc_t | /ls1x-drv/include/ls1x_fb.h 中 DC 控制器结构体<br>LS1x_DC_dev_t |
| --- | --- |

| | typedef struct LS1x_DC_dev<br>{ |
|---|---|
| typedef struct vga_struc<br>{<br>    unsigned int pclk, refresh;<br>    unsigned int hr, hss, hse, hfl;<br>    unsigned int vr, vss, vse, vfl;<br>    unsigned int pan_config;<br>    unsigned int hvsync_polarity;<br>} vga_struc_t; | /* DC control */<br>LS1x_DC_regs_t * hwDC;<br>/* framebuffer standard device 帧缓冲标准设备 */<br>  struct fb_fix_screeninfo fb_fix;<br>/* framebuffer standard device 帧缓冲标准设备 */<br>  struct fb_var_screeninfo fb_var;<br>/* 是否初始化 */<br>int initialized;<br>/* 是否启动 */<br>int started;<br>} LS1x_DC_dev_t; |

**2）亮度调整和屏幕触摸**

■ 若需调整 LCD 亮度,则需要启用 PWM 的生成芯片,通过输出 PWM 信号调整屏幕亮度。PWM 芯片 GP7101 通过 $I^2C0$ 与处理器相连,地址为 0x58。开发板上实际用的芯片是 GP9101,驱动同 GP7101。

1. 在 bsp.h 中启用 $I^2C0$ 和 GP7101

    # define BSP_USE_I2C0

    # define GP7101_DRV

2. 包含头文件

    # include "ls1x_i2c_bus.h"　　　　　　/* /ls1x-drv/include/ls1x_i2c_bus.h */

3. GP7101 驱动文件

    /ls1x-drv/ i2c /gp7101/gp7101.c

    /ls1x-drv/include/i2c/gp7101.h

    set_lcd_brightness(light);　　　　　　/* 设置亮度 light 为 0~100 */

■ 若需使用触摸屏,则需要启用触摸屏芯片 XPT2046,它通过 SPI0 与处理器相连。

1. 在 bsp.h 中启用 SPI0 与触摸芯片

    # ifdef BSP_USE_SPI0

    # define XPT2046_DRV

    # endif

2. 包含头文件

    # include "ls1x_spi_bus.h"　　　　/* /ls1x-drv/include/ls1x_spi_bus.h */

    # include "spi/xpt2046.h"　　　　　/* /ls1x-drv/include/spi/xpt2046.h */

3. 触摸屏文件

    /ls1x-drv/spi/xpt2046/xpt2046.c

/ls1x-drv/spi/xpt2046/touch_utils. c

    bare_get_touch_point( & x, & y) ; //读取一次触摸坐标

### 3）代码示例

代码示例如下:

```
1.   # include <stdio. h>
2.   # include "ls1b. h"
3.   # include "mips. h"
4.   # include "bsp. h"
5.   # include "ls1x_fb. h"
6.   # include "ls1x_spi_bus. h"
7.   # include "ls1x_i2c_bus. h"
8.   # include "spi/xpt2046. h"
9.   charLCD_display_mode[ ] = LCD_800x480;

10.  //-------------------------------------------------
11.  //触摸的坐标 X 和 Y
12.  int x = 0;
13.  int y = 0;

14.  //用于显示的坐标字符串
15.  //自带的函数只能在屏幕上显示字符,得到的 int 需要手动转换为 char
16.  char pointX[5] = "0000" ;
17.  char pointY[5] = "0000" ;
18.  int char_to_int( )
19.  {
20.      pointX[0] = 48 + x/1000;
21.      pointX[1] = 48 + ( ( x%1000) /100) ;
22.      pointX[2] = 48 + ( x%100) /10;
23.      pointX[3] = 48 + x%10;

24.      pointY[0] = 48 + y/1000;
25.      pointY[1] = 48 + ( ( y%1000) /100) ;
26.      pointY[2] = 48 + ( y%100) /10;
27.      pointY[3] = 48 + y%10;
28.  }
29.  //-------------------------------------------------
30.  int main( void)
31.  {
32.      printk( "\r\nmain( ) function. \r\n" ) ;
33.      ls1x_drv_init( );                     /* Initialize device drivers */

34.      fb_open( ) ;//打开 lcd 显示
35.      do_touchscreen_calibrate( ) ;
36.      int light = 100;//lcd 亮度

37.      for ( ;;)
38.      {
```

```
39.        fb_textout(120, 30, "欢迎使用龙芯 LS1B 开发板");

40.        bare_get_touch_point(&x,&y);
41.        char_to_int();
42.        fb_textout(120, 130, "X:");
43.        fb_textout(140, 130, pointX);
44.        fb_textout(200, 130, "Y:");
45.        fb_textout(220, 130, pointY);

46.        //x=0;
47.        //y=0;
48.        delay_ms(1000);
49.        fb_cons_clear();

50.        //亮度变换
51.        light=light-10;
52.        if(light==0)
53.        {
54.            light=100;
55.        }
56.        //pwm 控制 lcd 亮度,循环改变亮度从 100%到 0%
57.        set_lcd_brightness(light);
58.    }

59.    return 0;
60. }
```

**4）实验现象**

该实验将在 LCD 屏幕上显示内容,控制其亮度,读出用户触摸位置并显示在 LCD 上。

屏幕上显示"欢迎使用龙芯 LS1B 开发板",亮度随时间循环增减,当对屏幕触摸时屏幕上显示触摸的坐标。串口控制台返回触摸坐标。

6.6.2
实验现象

### 6.6.3 实验习题

学习 LCD 显示的原理以及 Framebuffer 的具体使用方法。

设计屏幕,在指定的位置显示自己的姓名。

## 6.7 RTC

### 6.7.1 RTC 时钟

大多数嵌入式系统有两种时钟:实时时钟(Real Time Clock,RTC)和系统时钟。系统时钟又称 OS 时钟,即操作系统的时钟,由实时内核控制。系统时钟的最小粒度是由应用和操作系统的特点决定的。

实时时钟独立于操作系统,所以也被称为硬件时钟。在硬件组成上,实时时钟的核心是提供基准频率的晶振,晶振可外部提供或内置。RTC 为嵌入式系统提供时钟节拍脉冲信号、计时信号(年/月/日、星期、时/分/秒)、闹钟(告警)信号等。RTC 可看成是每秒加 1 的计数器。

RTC 时间是以振荡频率来计算的。震荡次数 $2^{15}=32\,768$;$32\,768\,Hz=2^{15}$ 即分频 15 次后为 1 Hz,周期为 1 s。经过工程师的经验总结,$32\,768\,Hz$ 的时钟最准确。

这里要注意区分 RTC 与嵌入式处理器主频时钟,主频时钟来自锁相器(锁相环 Phase Locked Loop),锁相器内部是一个反馈电路,连线呈环形状态。锁相环参考接收到的脉冲信号的频率和相位,输出一个同步时钟信号,即主频信号。在时钟电源管理器的控制下,主频时钟按照设定的分频模式被输送到各个硬件部件,以达到使能/禁能各个功能部件以及节省功耗的目的。

龙芯 1B 的时钟模块参见图 2-15。主频、数据总线频率、DDR 时钟频率可以选择外部晶振或 PLL 的分频;而分频的设置可分别由 Div 控制寄存器实现。设 DDR 时钟选择 PLL 分频且是 PLL 时钟频率的二分频,数据总线频率是 PLL 时钟频率的四分频。当 DDR 的频率为 100 MHz 时,数据总线频率为 50 MHz,数据总线时钟脉宽=1/50 MHz(s)= 20 ns。

## 6.7.2 实验示例

龙芯 1B 的 RTC 单元可以在主板上电后进行配置。主板断电后,该单元可以仅靠板上的电池供电正常运行,运行时功耗仅几微瓦。RTC 的时钟源是外部 32.768 kHz 晶振,内部经过可配置的分频器分频后,用来计数更新年月日时分秒,也可用来产生各种定时和计数中断。RTC 单元由计数器和定时器组成,其架构如图 6-38 所示。该单元计时精确到 0.1 s,可产生 3 个计时中断,支持定时开关机功能。

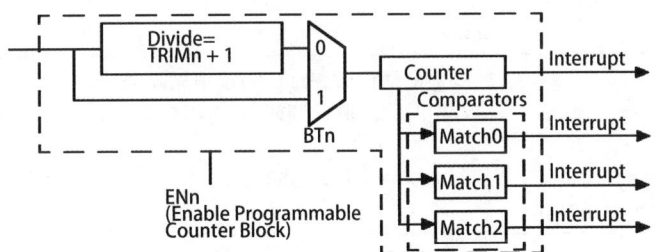

图 6-38 龙芯 1B 的 RTC 单元

RTC 控制器的寄存器及功能描述如表 6-15 所示。

表 6-15 龙芯 1B 的 RTC 控制器的寄存器

| 名称 | 功能 | 功能描述 |
|---|---|---|
| SYS_TOYTRIM | TOY 分频寄存器 | TOY 计数器时钟对外部晶振 32.768 kHz 的分频系数。如果不需要对外部晶振分频,必须将此寄存器清零 |

（续表）

| 名称 | 功能 | 功能描述 |
|---|---|---|
| SYS_TOYWRITE0 | | 只写，TOY 计数器对月日时分秒的设置数值 |
| SYS_TOYWRITE1 | | 只写，TOY 计数器对年的设置数值 |
| SYS_TOYREAD0 | | 只读，获取 TOY 计数器当前月日时分秒的数值 |
| SYS_TOYREAD1 | | 只读，获取 TOY 计数器当前年的数值 |
| SYS_TOYMATCH | TOY 计数器中断寄存器 | |
| SYS_RTCCTRL | RTC 控制寄存器 | 使能 RTC/TOY、设置 RTC/TOY 驱动方式、旁路晶振 32.768 kB |
| SYS_RTCTRIM | RTC 分频寄存器 | RTC 定时器时钟对外部晶振 32.768 kHz 的分频系数 如果不需要对外部晶振分频，必须将此寄存器清零 |
| SYS_RTCMATCH | RTC 定时器中断寄存器 | |

### 1）相关文件和函数

注意：在 bsp.h 中启用 RTC 设备：

 #define BSP_USE_RTC

在 bsp.h 中启用 FB：

 #define BSP_USE_FB

/ls1x-drv/include/ ls1x_rtc.h

/ls1x-drv/rtc/ ls1x_rtc.c

 ls1x_rtc_timer_start(unsigned device, rtc_cfg_t * cfg)； //开启定时器

 ls1x_rtc_init(rtc, arg)；  //初始化 RTC

设置 RTC 的配置结构体：

```
rtc_cfg_t rtc;                      //定义结构体,开启 RTC 中断功能
rtc.cb = rtctimer_callback;         //定时中断的回调函数,定时到后启动该回调函数
rtc.isr = NULL;
rtc.interval_ms =1000;              //1000ms,即 1s 间隔周期
rtc.trig_datetime = NULL;
```

定时器中断回调函数：

```
static void rtctimer_callback(int device, unsigned match, int * stop)
{

}
```

### 2）代码示例

代码示例如下：

```
1.    # include <stdio. h>
2.    # include "ls1b. h"
3.    # include "mips. h"
4.    # include "bsp. h"
5.    # include "ls1x_fb. h"
6.    # include "ls1x_rtc. h"

7.    char LCD_display_mode[] = LCD_480x800;    //触摸屏
8.    char rtcclock[9]="00:00:00";
9.    int timeH=0, timeM=0, timeS=0;

10.   static void rtctimer_callback(int device, unsigned match, int *stop)
11.   {
12.       timeS++;
13.       if(timeS==60)
14.       {
15.           timeS=0;
16.           timeM++;
17.       }
18.       if(timeM==60)
19.       {
20.           timeM=0;
21.           timeH++;
22.       }

23.       rtcclock[6] = 48+(timeS%100)/10;
24.       rtcclock[7] = 48+timeS%10;
25.       rtcclock[3] = 48+(timeM%100)/10;
26.       rtcclock[4] = 48+timeM%10;
27.       rtcclock[0] = 48+(timeH%100)/10;
28.       rtcclock[1] = 48+timeH%10;
29.   }

30.   int main(void)
31.   {
32.       printk("\r\nmain() function. \r\n");
33.
34.       ls1x_drv_init();                    /* Initialize device drivers */
35.       ls1x_rtc_init(NULL,NULL);//初始化 RTC

36.       //开启 RTC 定时中断功能
37.       rtc_cfg_t rtc;
38.       rtc.cb = rtctimer_callback; //定时中断的回调函数,定时到后启动该回调函数
39.       rtc.isr = NULL;
40.       rtc.interval_ms = 1000;    //1000ms,即 1s 间隔周期
41.       rtc.trig_datetime = NULL;
42.       //开启定时器
43.       ls1x_rtc_timer_start(DEVICE_RTCMATCH0,&rtc);
```

```
44.        struct tm tmp,now =
45.        {
46.            .tm_sec = 30,
47.            .tm_min = 47,
48.            .tm_hour = 9,
49.            .tm_mday = 20,
50.            .tm_mon = 2,
51.            .tm_year = 121,          //库函数是 year+1900 的处理
52.        };
53.        ls1x_rtc_set_datetime(&now);//设置 rtc 时钟

54.        fb_open();

55.        for(;;)
56.        {
57.            ls1x_rtc_get_datetime(&tmp);
58.            fb_textout(120,30,rtcclock);
59.            Printk("%d-%d-%d %d:%d:%d.\n", tmp.tm_year+1900, tmp.tm_mon, tmp.
            tm_mday, tmp.tm_hour, tmp.tm_min, tmp.tm_sec);
60.            delay_ms(1000);
61.            fb_cons_clear();
62.        }
63.        return 0;
64.    }
```

**3）实验现象**

通过 RTC 系统时间相关寄存器与 RTC 定时器中断分别实现时钟功能，串口控制台出现年月日以及时间信息，屏幕上显示小时、分钟以及秒。

## 6.7.3　实验习题

6.7.2
实验现象

（1）理解 RTC 定时器的原理。

（2）理解中断回调。

（3）连接 LED 的 GPIO 为输出。

（4）设置时间间隔，定时控制 LED 的亮灭。

# 第7章

# 操作系统基础

## 7.1　嵌入式操作系统

### 7.1.1　计算机操作系统

计算机操作系统是计算机系统中的核心系统软件,处于硬件体系和应用层软件之间,负责管理计算机的硬件与软件资源,并合理组织和调度计算机的工作和资源的分配,为应用程序提供一个稳定、统一的运行环境。它是计算机系统中最基本的系统软件程序,主要包括以下 6 个方面的管理功能:

**1. 处理器管理**

操作系统的处理器管理是其核心功能之一,主要负责对处理器进行有效的管理和调度,使其在现有环境下尽可能地发挥最大功效,提供更高的处理效率。处理器的管理功能主要体现在任务的管理与调度,如创建、撤销任务,并按照一定的算法为其分配所需资源,以及管理和控制各用户的多个任务的协调运行。

**2. 主存储器管理/内存管理**

主存储器管理或称内存管理,具有内存分配、内存回收、内存保护、地址映射和虚拟内存等功能。操作系统需要对嵌入式系统内有限的主存储器空间进行虚拟处理,使用户程序认为系统内有很多的主存储器空间可供其使用,这部分逻辑上的存储器被称为虚拟存储系统。操作系统通常把主存储器空间分成很多页,在系统运行时把这些主存储器页的数据与辅助存储器进行交换。目前,许多嵌入式微处理器芯片内部采用 MMU 来支持虚拟内存管理方式,并可利用文件系统把暂时不用的主存储区的数据块交换到外部存储设备中存储。

**3. 设备管理功能**

设备管理的主要作用是使用统一的方式控制、管理和访问种类繁多的外部设备。主要体现在:接收、分析和处理用户提出的 I/O 请求,为用户分配所需 I/O 设备,同时还要做到尽量提高处理器和 I/O 设备的利用率和处理效率,为用户提供操控 I/O 设备的便捷界面和手段。

设备管理模块的功能可以分为设备分配、缓冲管理、设备处理、虚拟设备等。设备处理程序即通常所说的设备驱动程序,能接收从控制器发来的中断请求并完成数据的收发处理。

虚拟设备功能是通过提供抽象、隔离和共享的能力,提高系统的灵活性和可扩展性。该功能可以将一台物理设备虚拟为多台逻辑设备,每个用户使用一台逻辑设备。

**4. 文件系统**

在现代操作系统中,程序运行所需的代码和数据量十分庞大,而内存空间有限且无法长期保存信息,因此这些资源通常以文件形式存储在磁盘、光盘等外部介质上,只有在程序运行需要时才调入内存。为了保证用户可以正确使用这些资源,一般操作系统都提供了文件管理机制。其主要功能就是管理外存上的静态文件,提供存取、共享和保护文件的手段,以方便用户使用,同时禁止无权限用户对他人资源的误访问或有权限用户对资源的误操作。文件管理机制还能有效管理外存空闲区域,根据文件的大小为其分配和回收空闲区。为了满足用户对响应时间的要求,文件管理机制还能实现目录管理,以便快速地定位文件。

**5. 网络管理**

网络管理负责管理网络通信,包括协议栈、网络接口、数据包处理等。网络协议栈是指一组在计算机网络通信中使用的协议的集合,它负责管理计算机之间的通信,是操作系统中负责网络通信的重要组成部分。网络协议栈提供了对网络硬件的访问、网络通信的管理以及与其他计算机进行通信所需的协议支持,包括多个层次,例如物理层、数据链路层、网络层、传输层和应用层,每一层都有特定的功能和责任,常见的网络协议栈标准有:TCP/IP四层协议栈和ISO七层参考模型,它们之间的关系如图7-1所示。

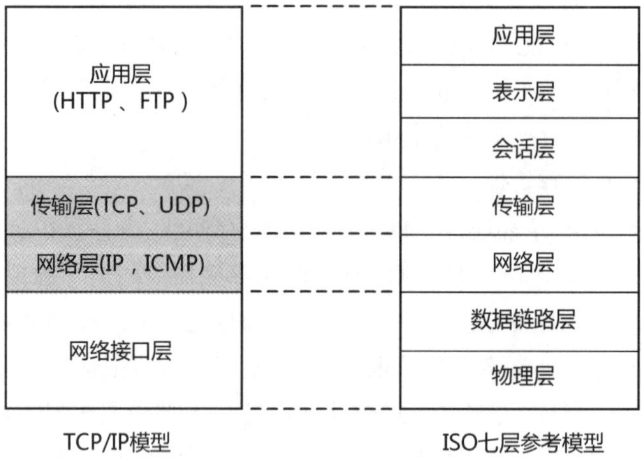

图 7-1  TCP/IP 四层协议栈和 ISO 七层参考模型

**6. 用户接口**

为了方便用户使用计算机和操作系统功能,在现代操作系统中常配置"用户与操作系统的接口"用户界面。该接口分为图形用户接口、命令接口和程序接口三类。

操作系统中还有一些非常重要的功能,例如中断管理与时钟管理。

中断管理是操作系统响应外部或内部紧急事件的核心机制,确保了系统的实时响应能力。中断管理在功能模块的划分时往往划归为处理器管理的一部分。时钟管理则是操作系统实现进程调度与时间控制的关键工具,通过设置定时器,精确控制任务的执行时间,确保每个任务都能公平地获得 CPU 资源。时钟管理在功能上与处理器管理和设备管理都有关联,在有的模块划分中,也会将其和中断管理一起单独算作一个功能模块。

### 7.1.1.1 特征

操作系统的主要特征有并发、共享、虚拟、异步等。其中,并发性是指计算机系统中同时存在着多个运行着的程序。共享性是指系统中的资源可供内存中多个并发执行的任务共同使用。

(1)并发指两个或多个事件在同一个时间段内发生。这些事件宏观上是同时发生的,但是微观上是交替发生的。对比并行这一概念,并行指两个或多个事件在同一时刻同时发生。单核 CPU 同一时刻只能执行一个程序,各个程序只能并发地执行。多核 CPU 同一时刻可以执行多个程序,多个程序可以并行地执行。

图 7-2 展示了串行、并发和并行的区别。

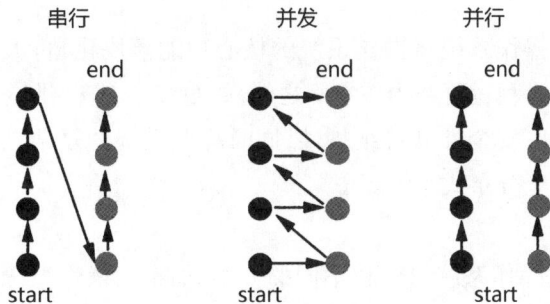

图 7-2 操作系统中串行、并发和并行的区别

(2)共享即资源共享,是指系统中的资源可供内存中多个并发执行的进程共同使用。又可分为互斥共享方式和同时共享方式。互斥共享方式是系统中的某些资源,虽然可以提供给多个进程使用,但是一段时间内只允许一个进程访问。同时共享方式则是系统中的某些资源,允许一个时间段内多个进程同时对它们访问。

(3)虚拟一词通常指的是通过软件模拟或抽象出一种资源或环境,使得多个用户或程序能够共享物理资源,而不必直接访问这些资源。例如虚拟内存、虚拟机等。有并发才有虚拟。

(4)异步是指,在执行任务时不需要等待某个操作完成就可以继续执行其他操作的方式。异步操作通常通过回调函数、事件驱动来实现。只有系统拥有并发性,才有可能导致异步性。如果失去了并发性,系统只能串行地运行各个程序。

并发和共享是最基本的特征,两者互为存在条件。如果失去了并发性,则系统中只有一个程序运行,共享性就失去了存在的意义。

### 7.1.1.2 体系结构

操作系统从体系结构上分为单块结构、模块化结构、层次结构、客户/服务器结构。

(1)单块体系结构操作系统是一种将整个操作系统作为一个单一的、不可分割的单元来设计和实现的操作系统架构。在这种架构下,操作系统的所有功能都被包含在一个单独的执行文件中,没有明显的模块化结构。这种设计使得操作系统的实现相对简单,适用于一些资源受限的环境,如嵌入式系统或者早期的个人计算机 MS-DOS。

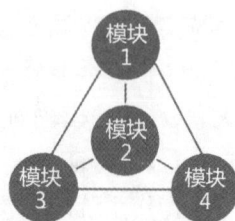

图 7-3　模块化体系结构

（2）模块化操作系统是一种将操作系统的功能模块化设计的操作系统架构,如图 7-3 所示。在模块化操作系统中,不同的功能被划分为独立的模块,每个模块负责特定的任务,如文件系统、任务管理、设备驱动等,如 Windows NT。这种结构的操作系统各个部分更易于理解、维护和扩展。

（3）层次结构的操作系统是一种将操作系统的功能模块化为不同层次的设计架构。它按操作系统各模块的功能和相互依存关系,把系统中的模块分为若干层;每个层次负责不同的功能,各层之间的模块只有单向调用关系(例如,只允许上层或外层模块调用下层或内层模块),如 Unix/Linux 都是层次化设计的体系结构。这种结构的操作系统各个部分更易于理解、维护和扩展。

（4）客户/服务器操作系统将操作系统的核心功能模块化,将大部分操作系统服务作为独立的、相对小型的进程运行在内核空间之外,如 QNX。客户/服务器操作系统的设计目标是提高系统的可靠性、安全性和可维护性,同时降低系统的复杂性。它能有效地支持多处理机运行,非常适用于分布式系统环境。

### 7.1.1.3　分类

根据运行的环境,操作系统有多种不同的分类,如桌面操作系统、手机操作系统、服务器操作系统和嵌入式操作系统等;根据用户界面的使用环境和功能特征的不同,操作系统可分为批处理操作系统、分时操作系统和实时操作系统等。随着计算机体系结构的发展,又出现了许多种操作系统,如网络操作系统、分布式操作系统等。

## 7.1.2　嵌入式操作系统

嵌入式操作系统(Embedded Operating System,EOS)是一种系统软件,通常包括与硬件相关的底层驱动软件、系统内核、设备驱动接口、通信协议、用户界面等。

嵌入式操作系统负责嵌入式系统的全部软、硬件资源的分配、任务调度,控制、协调并发活动。它具有通用操作系统的基本特点,同时体现其所在嵌入式系统的特征,能够通过加载某些模块来达到系统所要求的功能。

设计或选择嵌入式操作系统是一个按需定制化的过程。嵌入式系统的设计者通常需要把这系统软件(即嵌入式操作系统)和应用软件组合在一起,作为一个有机的整体来实现嵌入式系统的应用功能。应用软件完成系统的动作和行为控制;而嵌入式操作系统实现应用软件与嵌入式硬件平台的交互,为应用软件提供一个抽象层。通过这种抽象,开发人员可以使用统一的编程接口,简化应用软件的开发过程,使其能够在不同的硬件平台上运行而无需对硬件细节进行深入的了解。图 7-4 是一个嵌入式系统软件层级结构的示例。

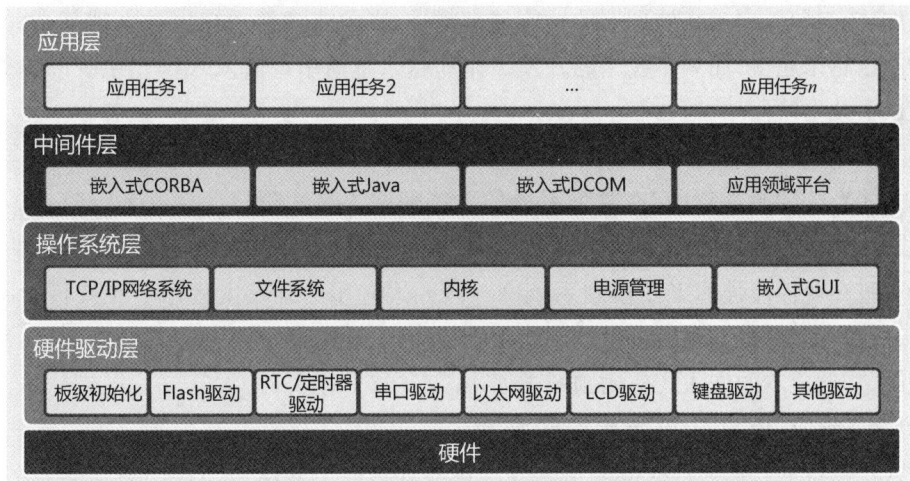

图7-4　嵌入式系统软件层级结构示例

### 7.1.2.1　特点

与通用操作系统相比,嵌入式操作系统在系统高效性、硬件的相关依赖性以及应用的专用性等方面具有较为突出的特点,并且一般都具有一定的实时性,易于裁剪和伸缩。

**1）系统内核小**

由于嵌入式系统一般应用于小型电子装置,系统资源相对有限,因此其内核相比于传统操作系统要小得多。

**2）专用性强**

嵌入式系统的个性化很强,其软件系统与硬件的结合非常紧密。一般需要针对硬件进行系统的移植,即使在同一品牌、同一系列的产品中,也需要根据系统硬件的变化和增减不断进行修改。

**3）可裁剪**

与通用型操作系统(如 Windows 系统)不同,嵌入式操作系统是为特定应用设计的,其运行的硬件平台多种多样。因此,嵌入式操作系统中提供的各个功能模块应允许用户根据需要选择使用,具有可装卸性、开放性和可伸缩性的体系结构。

**4）高实时**

高实时性是嵌入式软件的基本要求。嵌入式系统广泛应用于各种设备控制、数据采集和传输通信等领域,通常要求系统能够快速响应事件,因此嵌入式操作系统必须具备较强的实时性。

**5）高可靠**

嵌入式操作系统需具有很强的稳定性。特别是对于应用于军事武器、航空航天、交通运输等领域的嵌入式操作系统,必须具有极高的可靠性和稳定性。

### 7.1.2.2　发展

嵌入式操作系统伴随着嵌入式系统的发展,以嵌入式处理器的发展为主线。随着芯片的集成度越来越高,嵌入式处理器的性能越来越强,嵌入式操作系统也越来越复杂,能够实现的功能也越来越多,而具体应用的开发工作却越来越简单。嵌入式操作系统的发展可以归纳为以下几个阶段。

**1) 第一阶段:20 世纪 60 年代**

嵌入式系统的萌芽阶段,主要是无操作系统的嵌入算法阶段。在这个阶段,嵌入式系统以单芯片为核心的可编程控制器形式出现,具备与监测、伺服、指示设备相配合的功能,应用于一些专业性极强的工业控制系统中。嵌入式应用的开发由程序员在裸板上编写所有程序,没有专门的操作系统可供使用。由于这类嵌入式系统使用简单、价格低廉,目前仍在一些简单、低成本的嵌入式应用领域中使用。

**2) 第二阶段:20 世纪 70 年代到 80 年代**

嵌入式系统的兴起阶段。随着嵌入式处理器处理能力的增强和存储空间的增多,设备需要实现的功能复杂度增加,对应程序的复杂度也相应增加。为了提高程序编写的效率,一些芯片厂商将常用的软件功能模块集成起来,形成了最初的嵌入式操作系统。

**3) 第三阶段:20 世纪 80 年代末期到 90 年代中后期**

嵌入式系统的普及阶段。在这个阶段,嵌入式操作系统能够运行于各种类型的微处理器上,兼容性良好,内核小且效率高,具有高度的模块化和扩展性。它们具备文件和目录管理、设备支持、多任务处理、网络支持、图形窗口以及用户界面等功能。实时性成为嵌入式操作系统的特殊需求,随着工业自动化的发展,实时嵌入式操作系统逐渐发展成为一个独立的分支。

**4) 第四阶段:从 20 世纪 90 年代末开始**

嵌入式操作系统与网络技术相结合的阶段。随着互联网和物联网的出现及发展,各种设备可以被连接到网络中,网络协议的支持也被集成到嵌入式操作系统中,形成了网络操作系统。嵌入式设备与 Internet 技术的结合,代表了嵌入式系统的未来。

### 7.1.2.3 分类

嵌入式操作系统从系统家族、应用领域、实时性、商业模式等维度有不同的分类。

**1) 按系统家族分**

Windows 家族:微软推出的嵌入式操作系统系列 Windows Embedded,包括 Windows Embedded Compact 等,主要用于嵌入式系统和设备。

Linux 家族:包括基于 Linux 内核的嵌入式操作系统 Embedded Linux,以及基于 Linux 内核的实时操作系统 RTLinux。

VxWorks:由 Wind River Systems 开发的实时操作系统,广泛应用于航空航天、国防、工业控制等领域。

QNX:由加拿大 QNX Software Systems 开发的实时操作系统,广泛应用于汽车、医疗设备等领域。

**2) 按应用领域分**

工业控制领域:如 VxWorks,广泛应用于工业自动化、机器人控制等,具有强大的实时性和可靠性;RTLinux,基于 Linux 内核的实时操作系统,适用于工业控制和自动化设备。

消费类电子产品领域:如 Android,主要用于智能手机、平板电脑等消费类电子产品,具有丰富的应用生态和用户界面;iOS,苹果公司的移动操作系统,应用于 iPhone、iPad 等设备,注重用户体验和安全性。

物联网领域:如 Embedded Linux,适用于物联网设备和嵌入式系统,具有灵活的定制性和丰富的开发资源;FreeRTOS,适合小型嵌入式设备和物联网节点,具有小巧的内核和低功耗特性。

**3) 按实时性分**

实时操作系统,如 VxWorks、QNX、Nucleus 等;非实时操作系统,或称为弱实时性操作系统,如 WinCE、嵌入式 Linux、PalmOS 等。

**4) 按商业模式分**

商用操作系统,需要支付版权、技术支持费用等;开源操作系统,如 RT-Thread、FreeRTOS、uCOS、Embedded Linux 等,通常可以自由使用和修改。常见的商用嵌入式操作系统见表 7-1。

表 7-1　常见的商用嵌入式操作系统表

| 厂商 | 嵌入式操作系统 | 开发工具 |
| --- | --- | --- |
| Ready System | VRTX | Xray, Spectra |
| Integrated System Incorporation | Psos | pRISM |
| WindRiver | VxWorks | Tornado |
| QNX | QNX OS | QNX TOOLS |

第一个商业嵌入式实时内核是 VTRX32,由 Ready System 公司于 1981 年开发。它包含了许多传统操作系统的特征,包括任务管理、任务间通信、同步与相互排斥、中断支持、内存管理等功能。

## 7.1.3　实时操作系统

从操作系统设计和应用场景的角度,可以将操作系统分为实时操作系统、分时操作系统和网络操作系统。其中,嵌入式操作系统基本上属于实时操作系统。

实时操作系统(Real-Time Operating System, RTOS)的定义是能够在特定时间限制内完成特定功能,它快速接收并处理外界事件或数据,并在规定时间内做出响应,从而控制生产过程或对处理系统做出及时反馈。RTOS 的主要特点包括及时响应和高可靠性,强调响应时间及对任务的及时处理。

根据实时性要求的严格程度,实时操作系统可进一步分为硬实时系统和软实时系统。硬实时系统必须在严格的时间限制内完成任务,设计时必须保证这一点。例如安全气囊控制系统和车辆防抱死系统(ABS)就是硬实时系统的典型实例。而软实时系统则根据任务的优先级,尽可能快地完成操作,但不一定在绝对的时间限制内。

在一般操作系统中,任务和进程可以互换使用,且通常指代正在运行的程序实例。然而,在实时操作系统中,常用"任务"(Task)和"线程"(Thread)的概念。任务是 RTOS 中最基本的执行单元,可以是进程或线程。进程是正在运行的程序实例,而线程则是进程中的执行单位,是 CPU 调度的基本单位。在许多嵌入式操作系统中,任务通常等同于线程。

在 RTOS 的编程中,开发者会将复杂的嵌入式应用拆解为多个功能明确的小模块,这些模块被称为线程(Thread),并设定其运行规则以交由 RTOS 管理。RTOS 负责线程的调度(Scheduling),实现高效的任务管理。RTOS 的基本原理依赖于中断处理和任务调度来保证实时性。评价一个 RTOS 的性能通常从线程调度、内存开销、系统响应时间和中断延迟等方面进行衡量。

分时操作系统(Time-Sharing Operating System)关注用户交互的流畅性与资源的公平共享,允许多个用户共享系统资源,通过快速切换各个用户的任务来实现时间共享。它的设计目标是提升用户交互的响应速度与效率,适用于交互式计算和多用户环境。分时系统使用时间片轮转算法,以实现公平的资源使用和快速的上下文切换。

网络操作系统(Network Operating System, NOS)侧重于网络连接和资源共享的能力,专注于通过网络连接计算机和其他设备,以提供共享资源和服务。它允许计算机之间进行通信、共享文件、打印服务等。网络操作系统强调的是网络功能和网络安全,适用于企业或组织内部的局域网(LAN)和广域网(WAN)环境。

## 7.2 嵌入式操作系统内核

嵌入式操作系统和通用计算机操作系统在功能组成上有许多相似之处,所包含的功能模块基本一致。其中,处理器管理、内存管理和时钟管理组成了内核,以体现这几个功能的基本性和重要性;而越来越多的操作系统把负责设备驱动及接口的设备管理功能、文件系统以及网络管理也划归为内核,因此处理器管理等几项基本内核功能组成的内核又称为最小内核,如图 7-5 所示。

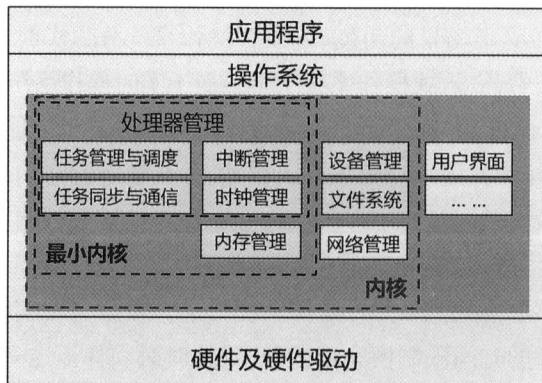

图 7-5 嵌入式操作系统功能组成

## 7.2.1　微内核和宏内核

操作系统内核是操作系统的核心部分,负责管理系统的各种资源,如时钟、中断、进程和设备驱动等。从架构设计角度上看,操作系统内核可分为微内核(Micro Kernel)和宏内核(Monolithic Kernel,亦称为分层内核)。它们在内核的组织结构、功能划分和性能特点上存在显著差异。

微内核(通常缩写为 μ 内核)是一种将操作系统内核的基本功能划分为最小核心部分的设计架构,而其他功能则通过服务或进程来实现。微内核的核心功能通常包括地址空间管理、任务调度和任务间通信等,而如文件系统和设备驱动等其他功能则作为独立服务运行在用户空间。一般来说,微内核还包括处理器管理和内存管理的功能。通常微内核具有以下特点:

① 内核功能精简,只包含最基本的功能;

② 其他功能以服务或者任务的形式运行在用户空间;

③ 灵活性高,易于扩展和定制;

④ 可靠性高,一个服务的崩溃不会影响整个系统。

宏内核是一种将操作系统内核的大部分功能都集成在内核空间的操作系统设计架构,包括任务管理、文件系统、设备驱动等大部分功能。宏内核的特点有:

① 内核功能集成,性能较高;

② 简单直观,易于实现;

③ 执行效率高,因为各个模块之间的通信开销较小。

微内核和宏内核的组成结构如图 7-6 所示,图中 IPC 即是 Inter-Process Communication,进程间通信。

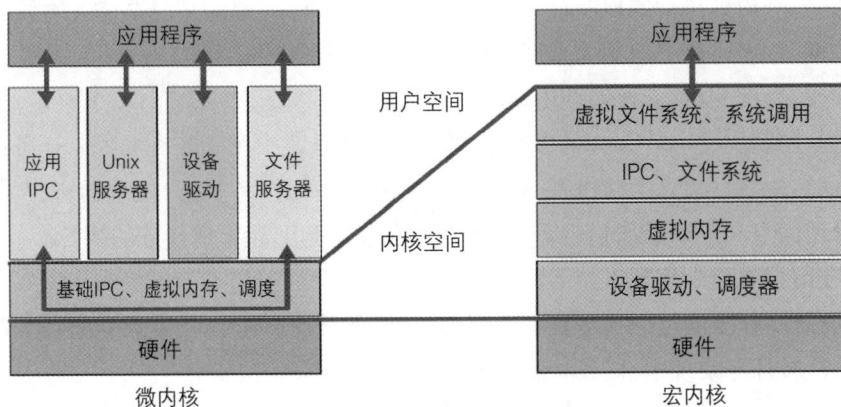

图 7-6　嵌入式操作系统微内核和宏内核

微内核和宏内核主要是指操作系统的架构设计,而不是功能组成。它们描述了操作系统内核的组织方式和实现方法。总结二者的区别见表 7-2。

表 7-2　微内核和宏内核的对比

| 特性 | 微内核 | 宏内核 |
| --- | --- | --- |
| 功能分布 | 核心功能在内核,其他功能在用户空间 | 所有功能都在内核中 |
| 性能 | 较低(频繁的内核-用户空间切换) | 较高(功能模块直接调用) |
| 稳定性 | 较高(用户空间服务崩溃不影响内核) | 较低(内核错误可能导致系统崩溃) |
| 安全性 | 较高(内核代码量少) | 较低(内核代码量大) |
| 扩展性 | 高(模块化设计) | 低(内核代码复杂) |
| 典型系统 | Mach、MINIX、QNX | Linux、UNIX、Windows NT |

## 7.2.2　任务、进程和线程

### 7.2.2.1　任务(Task)

任务是一个抽象术语。在操作系统的上下文中,任务指的是在嵌入式实时软件设计中抽象出的相互作用的程序集合或软件实体,代表需要执行的程序及由操作系统维护的相关信息。它是操作系统调度的基本单元,也是程序运行资源占用的基本单位。编程人员需要设计并执行若干任务,并为这些任务分配特定的优先级及调度时序。

在许多嵌入式操作系统中,一个任务也称为线程(Thread),例如在 RT-Thread 操作系统中,线程和任务是等价的,在 RT-Thread 标准版本中,设有进程。在操作系统的上下文中,任务早期被称为作业(job)。术语"任务""作业""进程(process)"(或"线程")可以指代相同的实体,通常可以互换使用。

任务不等于程序。任务主要包含以下内容:

① 代码:一段可执行的程序;

② 数据:程序所需要的相关数据(变量、工作空间、缓冲区等);

③ 堆栈:局部变量,子程序调用;

④ 任务控制块(Task Control Block,TCB):操作系统中用于管理和控制任务(或进程)的重要数据结构。它包含了操作系统所需的各种信息,如任务状态、处理器寄存器、调度信息、内存管理信息和 I/O 状态信息等,以便能够有效地调度和管理任务的执行。

任务在运行过程中表现出如下特性:

① 动态性:任务的运行状态是不断变化的,任务状态一般包括就绪状态、运行状态、等待状态等,在多任务系统中,任务状态将随着系统需要不断变化;

② 并发性:由于系统中多个任务并发执行,这些任务在宏观上是同时运行的(在微观上仍然是串行的);

③ 异步独立性:如果任务之间相互独立,不存在前驱与后继关系,则每个任务各自按相互独立、不可预知的速度运行,这就是异步独立性;反之,如果任务之间有依赖关系,则任务具有同步性。

### 7.2.2.2 进程(Process)

进程是当前执行的程序,或者是该程序的一部分。进程也可以称为当前执行程序的实例(Instance),是操作系统进行资源分配和调度的一个独立单位,是应用程序运行的载体。进程与处理器类似,包含一组寄存器、进程状态、用于指向进程下一条可执行指令的程序计数器(PC)、用于存放进本地变量的栈存储器以及进程对应的代码。

从存储器的角度看,进程占用的存储器可分为三个区域:栈存储器、数据存储器和代码存储器,如图 7-7 所示。

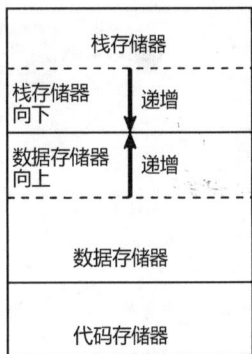

**图 7-7 从存储角度看进程**

栈存储器用于保存所有临时数据,如进程的本地变量;数据存储器用于保存进程的所有全局数据;代码存储器用于存放进程对应的程序代码(即程序指令)。进程载入主存储器时,系统将为进程分配指定的存储区域。

进程是一种抽象的概念,具有以下特点:

① 动态性:进程是程序的一次执行过程,是临时的,有生命期的,是动态产生、动态消亡的;

② 并发性:任何进程都可以同其他进程一起并发执行;

③ 独立性:进程是系统进行资源分配和调度的一个独立单位;

④ 结构性:进程由程序、数据和进程控制块三部分组成。

进程的生命周期如图 7-8 所示,包含有创建、就绪、运行、阻塞、退出等状态。

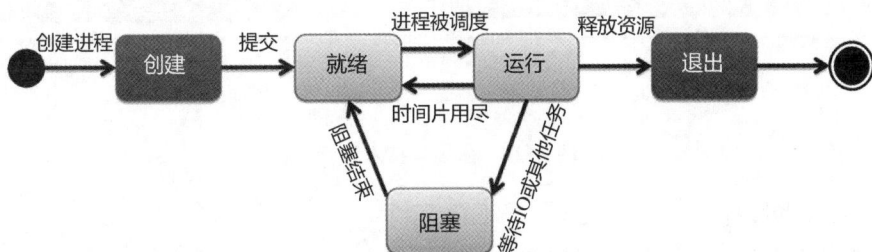

**图 7-8 进程的生命周期**

### 7.2.2.3 线程(Thread)

线程是进程代码执行的基本支路。即,线程是进程内的单个顺序控制流程。因此,线程也称为轻量级进程(Lightweight Process)。线程是进程中实际运行工作的单位。

一个标准的线程由线程 ID、当前指令指针(PC)、寄存器和堆栈组成。进程由内存空间(代码、数据、进程空间、打开的文件)和一个或多个线程组成。线程的生命周期如图 7-9 所示,包含有创建、就绪、运行、阻塞、退出等状态。

单个进程中可以存在多个并发的线程,每个线程执行不同的任务。同进程的所有不同线程可以共享该进程的状态和资源,可以访问相同的数据,共享相同的地址空间。例如一个线程改变了存储器中的一个数据项,则同一进程中的其他线程能够看到变化后的结果。

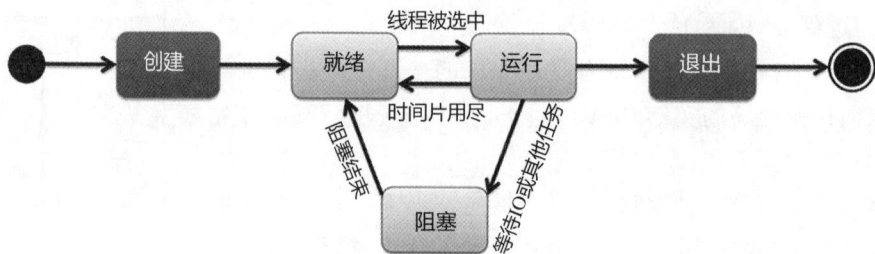

图 7-9　线程的生命周期

如果进程可以分为多个线程,分别实现进程的各部分功能,那么将有一个线程是主线程,其他线程都在主线程内创建。使用多线程执行进程,当一个线程因为等待某个事件(例如 I/O 操作)而进入等待状态时,其他不需要等待该事件的线程可以继续执行,这样可以充分利用处理器资源,避免处理器处于空闲状态。多线程技术图示见图 7-10。

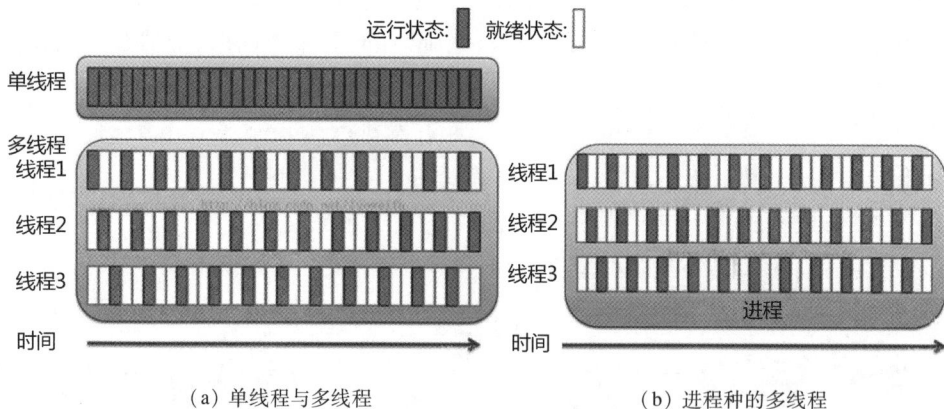

（a）单线程与多线程　　　　　　　（b）进程种的多线程

图 7-10　多线程技术图示

### 7.2.2.4　进程和线程

进程和线程的对比如表 7-3。线程是程序执行的最小单位,而进程是操作系统分配资源的最小单位;一个进程由一个或多个线程组成,线程是一个进程中代码的不同执行路线;进程之间相互独立,但同一进程下的各个线程之间共享程序的内存空间(包括代码段、数据集、堆等)及一些进程级的资源(如打开文件和信号),进程内的线程在其他进程不可见;线程上下文切换比进程上下文切换要快得多。

表 7-3　进程和线程的对比

| | 进程 | 线程 |
| --- | --- | --- |
| 资源 | 进程拥有独立的地址空间,进程之间相互独立 | 共享资源,线程之间可以直接进行通信,但也容易出现资源竞争和冲突 |
| 调度 | 独立调度的基本单位 | 独立调度的最小单位 |

(续表)

| | 进程 | 线程 |
|---|---|---|
| 上下文切换 | 进程系统开销大 | 线程系统开销小 |
| 通信 | 进程间通信 IPC | 读写同一进程数据通信 |

上下文是指一个程序或任务在执行时所需的所有信息和状态,通常包括寄存器的值、程序计数器、堆栈指针、内存状态等。当操作系统进行上下文切换时,它需要保存当前任务的上下文,以确保任务能够在恢复执行时保持其原有的状态。

上下文切换通常发生在任务调度、中断处理、系统调用过程中,它是多任务系统中的一个开销较大的操作,因为会涉及大量的寄存器状态保存和加载操作。因此,操作系统需要尽量减少上下文切换的次数,以提高系统的性能和响应速度。

### 7.2.3　处理器管理

处理器管理是操作系统内核的一项重要功能,主要负责管理和调度 CPU 资源,以确保各个进程或线程能够有效地使用处理器。根据最小内核的概念,处理器管理包括任务管理和中断管理,任务管理又可分为任务的管理与调度、任务的同步与通信。任务管理既是处理器的主要功能,也是操作系统内核的核心功能。

#### 7.2.3.1　任务的管理与调度

任务管理主要包括以下几个方面:创建任务、删除任务、改变任务状态(例如启动与重新启动、挂起与恢复、调整优先级和使任务进入睡眠状态),以及查询任务状态(如优先级和属性等)。其中,任务调度是任务管理的核心。

在系统应用中,任务调度策略是否符合特定需求,对于应用的实时性能至关重要。合适的调度策略能够确保系统在关键时刻做出快速响应,从而提高整体性能和可靠性。

**1) 任务的状态和优先级**

根据与处理器和其他资源(如信号量、时间等)的关系,任务一般可概况为三种基本状态:运行状态、就绪状态和等待状态。

① 等待状态。等待状态的任务还需要其他资源,在等待某个事件的发生时,就算获得处理器也不能立即执行;

② 就绪状态。就绪状态的任务已经获得了所有其他资源,仅缺少处理器资源,一旦获得处理器资源就可以立即执行。在任何时刻,处于就绪状态的任务可以有多个;

③ 运行状态。运行状态的任务已获得了处理器资源,所包含的代码内容正在被执行。单处理器系统中,当前时刻处于运行状态的任务只有一个。

任务的优先级是用户根据系统需求、任务执行的因果关系以及任务的重要性,为每个任务设定的数值属性。优先级越高,表明该任务需要尽快获得处理器执行;而优先级较低的任务则不需立即占用处理器资源。在一般系统中,最低优先级通常分配给统计任务。

在嵌入式操作系统中,任务的优先级是在运行前通过特定策略静态分配的。一旦有优先级更高的任务进入就绪状态,系统会立即进行调度。

**2) 任务的创建、删除、挂起、唤醒**

① 任务创建

任务创建涉及为任务分配和初始化相关的数据结构,例如任务控制块、堆栈区域等。在任务创建时,通常需要以下信息:任务名称、初始优先级、堆栈、任务属性、函数入口地址、函数参数,以及任务删除时的回调函数。

任务名称由实时内核用户在创建任务时指定,也可以由系统自动分配。如果用户为任务指定了名称,实时内核通常会复制该名称字符串,以便用户在任务创建后释放名称字符串的内存空间。

由于不同任务在运行时所需的堆栈空间大小各异,通常由用户指定任务运行过程中所需的堆栈空间。

任务可以具有多种属性,通常包括:是否可被抢占、是否采用时间片轮转调度、是否响应异步信号、开放的中断级别,以及是否使用数字协处理器等。

任务对应函数的入口地址表示所创建任务的起始执行位置。通过在任务创建时提供的任务删除回调函数,任务可以在被删除时回收其所占用的资源。这些资源是内核不可知的、特定于应用的资源。

任务创建通常需要完成以下工作:

- 获取任务控制块(TCB);
- 根据实时内核用户提供的信息初始化 TCB;
- 为任务分配一个唯一标识的 ID;
- 将任务置于就绪状态,并将其放入就绪队列;
- 进行任务调度处理。

内核创建任务成功后,返回任务的标识(ID),内核用户可以通过创建任务时获得的 ID 进行任务相关的其他操作。

② 任务删除

任务删除时,内核根据任务创建时获得的 ID 删除指定的任务。由于任务使用了各种资源,在删除一个任务时需要释放该任务所拥有的资源。释放任务所拥有的资源通常由内核和任务共同完成。实时内核通常只释放那些由内核为任务分配的资源,如任务名称和 TCB 其他内容所占用的空间。对于那些由任务自己分配的资源,通常由任务自身进行释放,例如任务的堆栈空间以及其他一些任务申请的资源(如信号量、定时器、文件系统资源、I/O 设备和使用 malloc 等函数动态获得的内存空间等)。任务删除通常需要进行以下步骤:

- 根据指定的 ID 获得对应任务的 TCB;
- 将任务的 TCB 从当前队列中移除,并挂入空闲 TCB 队列;
- 释放任务所占用的资源,可以使用任务删除回调函数来处理任务删除时的资源释放。

③ 任务挂起

任务挂起通常是根据任务的 ID 将指定任务挂起,直到通过唤醒操作将其解挂。一个任务可以将自己挂起。当任务被挂起后,它将处于等待状态,内核会选择另一个合适的任务进行执行。

任务挂起通常需要进行以下步骤:

- 根据指定的任务 ID,获取对应任务的 TCB;
- 将任务的状态修改为等待状态,并将 TCB 放入等待队列;
- 如果任务是自我挂起,则进行任务调度。

④ 任务睡眠

任务睡眠是指使当前任务在指定时间内进入睡眠状态,时间到后,任务将重新回到就绪状态,通常需要进行以下工作:

- 修改任务状态,将任务状态变为等待状态;
- 将任务 TCB 放入时间等待链;
- 进行任务调度。

⑤ 任务唤醒

任务唤醒是根据任务 ID 将指定的任务解挂。解挂任务通常需要进行以下工作:

- 根据指定的 ID,获取对应任务的 TCB;
- 如果任务在等待其他资源,则任务仍将处于等待状态;否则,将任务状态变为就绪状态,并将 TCB 放入就绪队列;
- 进行任务调度。

**3) 任务调度机制**

调度是操作系统的核心功能。当系统就绪队列中有多个任务时,内核需要根据某种调度策略决定在多任务环境下任务执行的顺序,以及在获得处理器资源后执行的时间长度,这就是任务调度。

任务调度分为主动调度和被动调度两种类型。

① 主动调度:任务主动调用调度函数,根据调度算法选择下一个将要执行的任务。如果被调度的任务是当前任务,则不进行切换;否则,进行任务切换。例如,任务在执行过程中调用函数 OSTaskSuspend( )主动挂起自己。

② 被动调度:通常由事件触发。例如,当时钟中断(Ticks)产生时,触发任务的新周期到达,或者高优先级任务的等待时间结束时,需要调用调度函数来切换任务。

对于嵌入式操作系统而言,调度策略通常基于优先级的抢占式调度。当就绪队列中有多个任务时,系统会从就绪队列中找到优先级最高的任务以实现任务调度。首先判断是否能够调度,如果可以,则找到优先级最高的任务;接着判断该优先级任务是否为当前任务。如果不是,则进行任务切换;否则,继续执行当前任务。

为确保调度过程的正确实施,嵌入式操作系统提供以下机制:

① 基本调度机制:包括创建任务、删除任务、挂起任务、恢复任务、改变任务优先级、任

务堆栈检查、获取任务信息等基本操作,这些操作负责调度策略的具体实施。

② 任务协调机制:包括任务间通信、同步、互斥访问共享资源等操作,负责多任务之间的协同和并发运行。

③ 内存管理机制:包括任务间通信、同步、互斥访问共享资源等操作,负责多任务之间的协同和并发运行。

④ 事务处理机制:包括事件触发(Event-Triggered)机制和时间触发(Time-Triggered)机制,分别对应中断和时间管理。

在多任务的实时操作系统中,调度尤为重要。操作系统通常通过一个调度程序来实现调度功能。调度程序以函数的形式存在,用于实现操作系统的调度策略。调度程序本身并不是一个任务,而是一个函数调用,可以在内核的各个部分进行调用。调用调度程序的具体位置被称为调度点。调度点通常位于以下位置:

① 中断服务程序的结束位置;

② 任务因等待资源而处于等待状态;

② 任务处于就绪状态时等。

### 7.2.3.2 任务的同步与通信

#### 1) 信号量、互斥量、事件集

信号量、互斥量和事件集都是用于解决多任务并发访问共享资源时可能出现的竞争条件和数据一致性问题的同步机制。此外,还有一个与之密切相关的概念——临界区。

① 信号量(Semaphore)

信号量是一种用于控制多个任务对共享资源访问的同步机制。它通常用于实现任务间的互斥访问、同步访问或计数。信号量可以看作是一个计数器,用于表示可用资源的数量。当信号量的值大于或等于 0 时,表示可用资源的数量;当信号量的值小于 0 时,表示等待的进程数量。

② 互斥量(Mutex)

互斥量是一种确保在任意时刻只有一个任务可以访问共享资源的机制。它通常用于实现互斥访问,即同一时间只允许一个任务访问共享资源。拥有互斥量的任务拥有其所有权,而互斥量通常只能被持有它的任务释放。此外,互斥量支持递归访问,即同一个任务可以多次获取同一个互斥量,但每次获取都需要相应的释放。互斥量可以看作是一把锁,当一个任务获得了互斥量的锁时,其他任务将无法获得该锁,直到锁被释放。

③ 事件集(Events)

事件集通常用于任务之间的通信和同步。事件集可以包含多个事件,每个事件可以独立地被设置或清除。其特点是可以实现一对多和多对多的同步关系:一个任务可以因任意一个事件的触发而被唤醒,或者在多个事件都到达后才唤醒任务进行后续处理。同样,事件也可以用于多个任务之间的同步。事件集在实时操作系统中特别有用,因为它们允许任务在等待特定条件满足时进入休眠状态,从而节省处理器资源。

信号量、互斥量和事件集都是操作系统中用于处理并发和同步问题的工具。它们各自有不同的用途和特性。信号量和互斥量都可以用于实现任务间的同步和互斥,但信号量通常用于计数和同步,而互斥量主要用于互斥访问。在某些情况下,互斥量可以被视为一种特殊的信号量,其中信号量的值只能为1。信号量和事件集都可以用于任务的同步,但它们的实现和使用方式有所不同。信号量通常用于控制对共享资源的访问,而事件集则更多地用于任务间的通信和条件同步。

④ 临界区(Critical Section)

临界区通常是指对共享资源进行读写操作的代码段,需要确保在同一时刻只有一个任务可以执行该代码段。为了保护临界区,通常使用互斥量或信号量来实现对临界区的访问控制,确保同一时刻只有一个任务可以进入临界区。

**2) 邮箱、队列、信号**

邮箱、队列和信号都是操作系统中用于实现任务间通信和协作的重要机制,在实时系统中发挥着重要的作用。

① 邮箱(Mailbox)

邮箱通常指的是一种用于任务间通信的机制。它可以在不同任务之间传递消息、数据或事件。邮箱通常是一个缓冲区,用于存储发送到该邮箱的消息,接收方可以从邮箱中读取这些消息。邮箱可以是同步的(发送方和接收方需要同时准备好)或者异步的(发送方和接收方可以独立进行操作)。

在实时系统中,邮箱通常用于实现任务间的消息传递,以促进任务间的协作和通信。

② 队列(Queue)

(消息)队列是一种遵循先进先出(FIFO)原则或优先级原则的数据结构。队列的主要特点是允许用户定义不定长的消息(数据)进行通信传递,通常用于在不同任务之间传递数据或信息。队列还可以用于实现生产者-消费者模式,其中生产者将数据放入队列,而消费者则从队列中取出数据进行处理。

在实时系统中,队列通常用于实现任务间的数据传递和协作,确保数据的有序传递和处理。

③ 信号(Signal)

信号是一种在操作系统中用于通知任务发生某种事件的机制。信号可以处理异步事件,例如用户输入、硬件中断等。当某个事件发生时,操作系统可以向任务发送一个信号,任务可以注册信号处理函数来处理该事件。

在实时系统中,信号可以用于处理各种异步事件,确保系统能够及时响应和处理这些事件。

### 7.2.3.3 中断管理机制

中断管理机制是操作系统中用于处理硬件中断的重要机制,其主要目的是确保系统能够及时响应和处理这些硬件中断,以保证系统的稳定性和可靠性。中断管理机制一般包括中断向量表、中断控制器、中断服务程序、中断屏蔽和优先级控制等内容。

① 中断向量表

中断向量表是一个存储中断服务程序入口地址的数据结构,用于将特定的中断号映射到相应的中断服务程序。当硬件设备发生中断时,处理器会根据中断号在中断向量表中查找对应的中断服务程序入口地址,并跳转到该地址执行相应的处理程序。

② 中断控制器

中断控制器是用于管理和协调系统中各种硬件中断的设备。它接收来自硬件设备的中断信号,并将其转发给处理器进行处理。在多处理器系统中,中断控制器还可以协调多个处理器之间的中断处理。

③ 中断服务程序

中断服务程序是一段特殊的代码,用于处理特定的中断事件。当处理器接收到中断信号后,会跳转到相应的中断服务程序入口地址,执行相应的处理逻辑,以响应和处理硬件中断。

中断服务程序的主要内容包括:保存中断服务程序将要使用的所有寄存器的内容,以便在退出中断服务程序之前进行恢复;如果中断向量被多个设备共享,为了确定产生该中断信号的设备,需要轮询这些设备的中断状态寄存器;获取中断相关的其他信息;对中断进行具体处理;恢复保存的上下文;执行中断返回指令,使处理器的控制返回到被中断的程序继续执行。

在实时多任务系统中,中断服务程序通常包括三个方面的内容:

■ 中断前导,保存中断现场,进入中断处理;

■ 用户中断服务程序,完成对中断的具体处理;

■ 中断后续恢复中断现场,退出中断处理。

在实时内核中,中断前导和中断后续通常由内核的中断接管程序来实现。硬件中断发生后,中断接管程序获得控制权,首先由中断接管程序进行处理,然后再将控制权交给相应的用户中断服务程序。用户中断服务程序执行完成后,又回到中断接管程序。

中断接管程序负责中断处理的前导和后续部分的内容。用户中断服务程序被组织为一个表,称为虚拟中断向量表。中断处理前导用来保存必要的寄存器,并根据情况在中断栈或任务栈中设置堆栈的起始位置,然后调用用户中断服务程序。中断处理后续则用于实现中断返回前需要处理的工作,主要包括恢复寄存器和堆栈,并从中断服务程序返回到被中断的程序。

④ 中断屏蔽和优先级

中断管理机制还包括对中断的屏蔽和优先级控制。处理器可以根据中断的优先级和当前的中断屏蔽状态来确定是否响应和处理特定的中断事件。

从物理中断到用户中断服务程序的中断管理机制逻辑关系如图 7-11 所示。

从处理过程上,中断管理包括中断检测、中断响应和中断处理三个阶段。

■ 中断检测:是在每条指令执行结束时进行,主要用于检测是否有中断请求或是否满足异常条件。为满足中断处理的需要,在指令周期中引入了中断周期。在中断周期中,处理器检查是否有中断发生,即是否出现中断信号。如果没有中断信号,处理器将继续运行,并通过取指周期获取当前程序的下一条指令;如果有中断信号,则进入中断响应阶段,对中断进行处理。

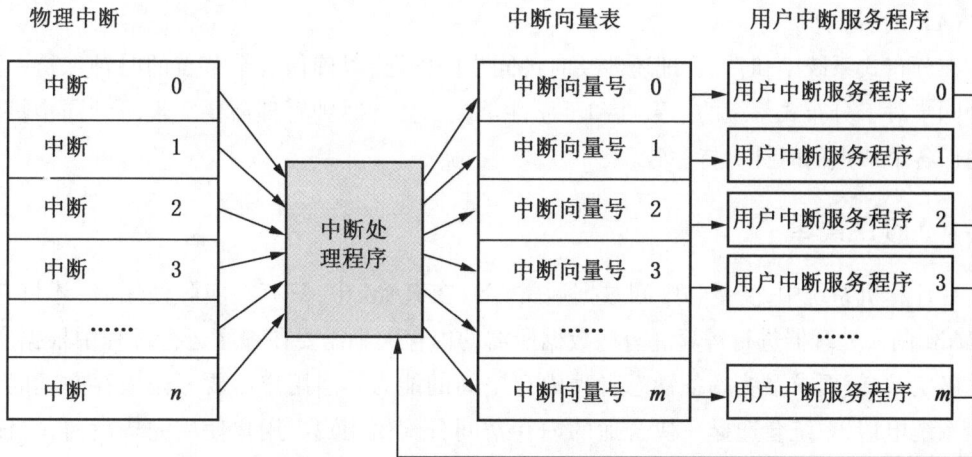

图 7-11　中断管理机制逻辑示意图

- 中断响应：是由处理器内部硬件完成的中断序列,而不是由程序执行的过程。
- 中断处理：是指执行中断服务程序。中断服务程序用于处理自陷、异常或中断。尽管导致自陷、异常和中断的事件不同,但它们通常具有相似的中断服务程序结构。

## 7.2.4　时钟管理

时钟管理是操作系统中的一个重要组成部分,主要负责管理系统中的时钟资源,包括系统时钟、任务调度时钟和定时器等。它对操作系统的正常运行、进程调度、定时任务以及分布式系统的一致性起着至关重要的作用,直接影响着系统的稳定性、性能和实时性。

（1）系统时钟管理

系统时钟是操作系统中用于跟踪时间的基本时钟。它通常以固定的时间间隔产生中断,用于触发操作系统的定时任务、更新系统时间等。系统时钟的准确性和稳定性对于操作系统的正常运行至关重要。时钟管理需要确保系统时钟的准确性,并能够处理时钟中断,以便及时更新系统时间。

（2）任务调度时钟管理

在多任务操作系统中,时钟管理还包括任务调度时钟,用于确定任务的执行时间片。操作系统会根据任务调度时钟的中断进行任务切换,确保各个任务能够公平地获得 CPU 时间。时钟管理需要根据调度算法和任务的优先级来管理任务调度时钟,以实现合理的任务调度。

（3）定时器管理

时钟管理还包括定时器的管理,用于实现定时任务、超时处理等功能。定时器可以用于实现各种定时操作,比如超时等待、定时触发事件等。时钟管理需要管理和维护定时器资源,确保定时器能够按时触发相应的事件。

（4）时钟同步

在分布式系统中,时钟管理还涉及时钟同步的问题,以确保各个节点的时钟保持一致。时钟同步对于分布式系统的一致性和可靠性至关重要。时钟管理需要实现时钟同步算法,以确保各个节点的时钟保持一致。

## 7.2.5 内存管理

在计算机系统中,变量和中间数据通常存放在 RAM 中,只有在实际使用时,才将它们从 RAM 调入处理器进行运算。有些数据所需的内存大小需要在程序运行过程中根据实际情况确定,这就要求系统具备动态管理内存空间的能力。当用户需要一段内存空间时,可以向系统申请,系统会选择一块合适的内存空间分配给用户。用户使用完毕后,再将该内存空间释放回系统,以便系统能够回收并再利用这段内存。

这种动态管理内存空间的过程被称为内存管理,它是计算机内存资源在软件运行时的分配和使用技术。内存管理的主要目标是高效、快速地分配内存,并在适当的时候释放和回收内存资源。

内存管理是操作系统中的一个重要组成部分,主要负责管理计算机系统中的内存资源,包括内存的分配、回收、保护和地址转换等功能。

（1）内存分配

内存管理需要为任务分配内存空间,以便任务能够执行程序。内存分配通常采用动态分配,常见的分配策略包括首次适应、最佳适应、最坏适应和分区式内存分配等。

（2）内存回收

当任务不再需要内存空间时,内存管理负责回收这些空间,以便其他任务可以继续使用。内存回收通常通过释放已分配的内存块来实现,从而将这些空间重新分配给其他进程。

（3）内存碎片整理

内存管理需要处理内存碎片问题,以最大限度地提高内存利用率。内存碎片整理可以通过内存紧缩、内存合并等方式来实现,以释放和整理碎片化的内存空间。

（4）虚拟内存管理

虚拟内存是一种扩展物理内存的概念,内存管理需要负责管理虚拟内存与物理内存之间的映射关系,以及虚拟内存的分页和置换等操作。

（5）地址转换

内存管理需要将逻辑地址转换为物理地址,以确保进程能够正确访问内存中的数据和指令。地址转换通常通过页表或段表等数据结构实现,将逻辑地址映射到物理地址。

（6）内存保护

内存管理需要确保各个任务之间的内存空间相互隔离,防止一个任务越界访问其他任务的内存空间或对操作系统内核区域进行非法访问。内存保护通常通过硬件和操作系统的配合来实现,例如使用分页机制或段式存储机制。

不同嵌入式操作系统内核采用的内存管理方式各不相同,有的较为简单,有的则较为复杂。在强实时应用领域,内存管理方法通常较为简单,通常不采用虚拟存储管理,而是采用静态内存分配与动态内存分配(固定大小内存分配和可变大小内存分配)相结合的管理方式。一些实时性要求不高、可靠性要求较高且系统较复杂的应用则需要相对复杂的内存管理,通常使用 MMU 机制提供的虚拟内存技术和内存保护功能,为用户提供一个功能强大的虚存管理机制。

## 7.2.6　设备管理

设备管理是指计算机系统对除处理器和内存以外的所有输入和输出设备的管理,包括实际 I/O 操作的设备(如打印机),以及设备控制器、DMA 控制器、中断控制器和 I/O 处理机(通道)等支持设备。设备管理的主要任务是有效分配、控制和调度这些设备,以满足任务对设备的访问需求,并确保系统的稳定性和性能。

(1)设备分配

设备管理负责为任务分配所需的设备资源,以便任务能够进行输入/输出操作或其他设备访问。设备分配通常需要考虑设备的独占性、共享性以及设备的优先级等因素。

(2)设备控制

设备管理负责对设备进行控制,包括设备的初始化、启动、停止和中断处理等操作。设备控制需要与设备驱动程序协同工作,以确保对设备的有效控制和管理。

(3)设备调度

在多任务操作系统中,设备管理需要进行设备调度,以合理分配设备资源,避免设备竞争和冲突,提高系统的并发性和效率。

(4)设备中断处理

设备管理需要处理设备产生的中断,包括设备完成操作的中断和设备出错的中断等。设备中断处理需要及时响应设备的中断请求,以进行相应的处理和恢复。

(5)设备驱动程序管理

设备管理需要管理设备驱动程序,包括设备驱动程序的加载、卸载和更新等操作,以确保系统能够正确识别和控制各种设备。

(6)设备性能监控

设备管理需要监控和评估设备的性能,以及时发现设备故障和性能下降等问题,并进行相应的处理和维护。设备的主要性能参数包括数据传输速率、数据传输单位和设备的共享属性等。基于这三个参数,可以将设备分为高速、中速和低速设备,块传输和字符传输设备,以及独占和共享设备等。相应地,对设备的控制方式也包括程序控制、中断控制和DMA 控制等。

I/O 设备软件可以分为四个层次:中断处理、设备驱动、设备接口和用户应用,加上硬件层,共计五层。I/O 设备的软件层次结构如图 7-12 所示。

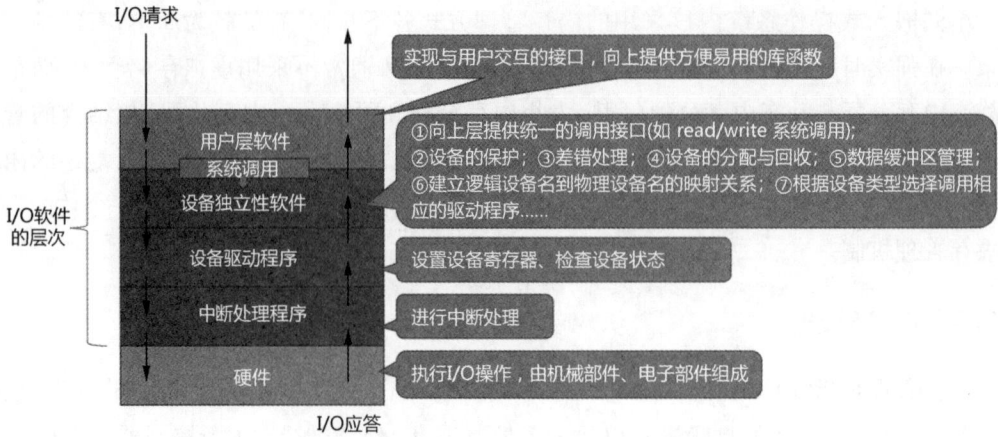

图 7-12　I/O 设备的软件层次结构

## 7.2.7　文件系统

在大多数嵌入式操作系统中,文件系统并不属于内核功能。在龙芯 1B 开发工具的第三方开发组件中,提供了文件系统的支持包,因此有必要对其做简单介绍。

文件系统负责管理计算机系统中的文件和目录,包括文件的创建、删除、读写、权限控制以及磁盘空间管理等功能。它涉及多个方面,包括文件和目录管理、文件读写管理、磁盘空间管理、文件权限管理、文件系统检查与修复,以及文件系统性能优化等。嵌入式文件系统通过系统调用和命令方式提供对文件的各种操作。

（1）文件和目录管理

文件系统需要负责管理文件和目录的创建、删除、复制和移动等操作。它需要维护文件和目录的元数据信息,包括文件名、大小、创建时间、修改时间和权限等,以便对文件和目录进行有效的管理和访问。

（2）文件读写管理

文件系统需要负责文件的读写操作,包括文件的打开、关闭、读取和写入等。它需要确保文件的数据能够正确地存储和读取,同时处理并发访问和文件锁定等问题。

（3）文件权限管理

文件系统需要管理文件的权限,包括文件的所有者、访问权限和修改权限等。它需要确保文件的安全性和隐私性,防止未授权的访问和修改。

（4）磁盘空间管理

文件系统需要负责磁盘空间的管理,包括空闲空间的分配、回收和碎片整理等。它需要确保文件能够获得足够的存储空间,并尽可能减少磁盘碎片化,以提高磁盘的利用率和性能。

（5）文件系统检查与修复

文件系统需要定期检查和修复,以确保其一致性和完整性。它需要处理文件系统的损坏、错误和数据丢失等问题,并进行相应的修复和恢复操作。

（6）文件系统性能优化

文件系统需要对其性能进行优化,包括提高文件访问速度、减少磁盘空间占用和优化文件系统结构等。它可以通过合理的文件布局、缓存机制和预读取等手段来提升文件系统的性能。

# 7.3 几种嵌入式操作系统

目前在嵌入式领域常见的操作系统有数十种,基本可以分为两类,一类是面向控制、通信等领域的实时操作系统,如 Windriver 公司的 Vxworks 等;另一类是面向消费电子产品的非实时操作系统,如 Microsoft 的 WinCE,Google 的 Android 等,以下对主流嵌入式操作系统做进一步介绍:

目前在嵌入式领域常见的操作系统有数十种,基本可以分为两类:一类是面向控制、通信等领域的实时操作系统,如 Wind River 公司的 VxWorks 等;另一类是面向消费电子产品的非实时操作系统,如 Microsoft 的 WinCE 和 Google 的 Android。本书介绍几种主流嵌入式操作系统。

## 7.3.1 嵌入式 Linux

Linux 是一款可以免费使用的操作系统,遵循 GPL（GNU 通用公共许可证）声明,允许用户自由修改和传播。由于 Linux 具有开源、高效、稳定、易裁剪和硬件支持广泛等优点,因而在嵌入式系统领域得到了广泛应用。Linux 自 1991 年问世以来,已经发展成为功能强大、设计完善的操作系统,不仅能在 PC 平台上运行,也在嵌入式系统领域大放异彩。

嵌入式 Linux 是基于 Linux 操作系统进行裁剪和修改,以适应不同嵌入式设备的需求。Linux 内核的源代码开放,使其可以广泛应用于嵌入式系统中,如智能手机、平板计算机等产品。

Android 操作系统是基于 Linux 内核的一种流行的嵌入式操作系统,由 Google 公司于 2007 年底推出,专为智能便携式设备设计,广泛应用于智能手机和其他便携式设备上。Android 最初由安迪·鲁宾（Andy Rubin）开发,2005 年 Google 公司收购了该项目,并组建开放手机联盟进行修改和补充;2007 年 11 月 5 日正式对外展示,2008 年 9 月正式发布 Android 1.0,这是 Android 操作系统的第一个版本。从此,Android 作为智能手机的开源操作系统逐渐流行,并推广到平板计算机及其他便携式设备上。Android 不仅是一种操作系统,它还包含用户界面、中间件以及一些应用程序,如短消息服务（SMS）、日历时钟、地图和浏览器等。Android 的应用程序开发工具不再是 GNU 工具,而是 Eclipse 集成开发环境及相关的 SDK（软件开发工具包）。Android 提供丰富的系统运行库和应用程序框架,为开发者提供了便利。

### 7.3.2　VxWorks

VxWorks 操作系统是美国 Wind River 公司于 1983 年设计开发的一种嵌入式实时操作系统(RTOS),是 Tornado 嵌入式开发环境的关键组成部分。因其良好的持续发展能力、高性能的内核和友好的用户开发环境,VxWorks 在嵌入式实时操作系统领域具有重要地位。该操作系统被广泛应用于通信、军事、航空、航天等领域,如卫星通信、军事演习、弹道制导和飞机导航等,以其高可靠性和卓越的实时性而闻名。

VxWorks 具有可裁剪的微内核结构、高效的任务管理、灵活的任务间通信和微秒级的中断处理,支持多种物理介质和标准的 TCP/IP 网络协议,提供多种文件系统和与 ANSI C 兼容的 I/O 部件驱动函数。它采用优先级抢占方式进行多任务调度,并支持时间片分时调度,以保证紧急任务的及时执行。

VxWorks 的 BSP(板级支持包)为移植该操作系统提供了基础,适应嵌入式系统硬件平台的多样性。VxWorks 操作系统及其开发环境是专有的,价格较高,一般至少需要 10 万元人民币建立一个可用的开发环境,并收取版税。其特点包括优秀的实时性、可裁剪性、友好的开发环境和流行的图形界面,支持动态链接和动态下载。

### 7.3.3　μC/OS-Ⅱ

μC/OS-Ⅱ是著名的源代码公开的实时内核,专为嵌入式应用设计,可用于 8 位、16 位和 32 位单片机或数字信号处理器(DSP)。它在原版本 μC/OS 的基础上进行了重大的改进与升级,并有多年的使用实践,有许多成功应用的实例。

μC/OS-Ⅱ的主要特点如下:

① 公开源代码,便于移植到不同的硬件平台;

② 可移植性强,大部分源代码用 C 语言编写,易于移植到其他微处理器系统;

③ 可固化,可与应用程序一起固化到 ROM 芯片中;

④ 可裁剪,可选择性地使用系统服务以减少存储空间需求;

⑤ 占先式,是完全占先式的实时内核,总是运行就绪条件下优先级最高的任务;

⑥ 多任务,可管理 64 个任务,任务的优先级必须不同,不支持时间片轮转调度;

⑦ 可确定性,函数调用与服务执行时间可预测,不受任务数量影响;

⑧ 实用性和可靠性,成功应用该实时内核的实例证明其实用性和可靠性;

⑨ 由于 μC/OS-Ⅱ仅为一个实时内核,用户需要自行完成许多工作,不像其他实时操作系统提供丰富的 API 函数接口。

1992 年 Jean J. Labrosse 设计完成了 μC/OS(Micro Controller Operating System,微控制器操作系统),并于 1998 年推出了 μC/OS-Ⅱ(2000 年获得美国联邦航空管理局的认证,可在飞行器中使用,显示其高安全性);2009 年推出了 μC/OS-Ⅲ。μC/OS-Ⅲ是在 μC/OS-Ⅱ基础上推出的新版本,是一个可移植、可裁剪的实时多任务内核,其源代码是公开的,非常适用于具有实时性要求的嵌入式系统。

目前,μC/OS-Ⅲ广泛应用于各类以 MCU 或 DSP 为核心开发的嵌入式系统,如工业控制器、医疗设备、飞行器控制器和路由器等。为了满足移植的需求,μC/OS-Ⅲ大部分代码采用 ANSI(美国国家标准学会)的 C 语言编写,仅包含少量汇编语言代码。μC/OS-Ⅲ实际上是一个实时操作系统内核,为设计者提供了一组 C 语言函数库,包括任务创建、消息发送、消息响应等内核功能函数,以及文件系统、图形界面、TCP/IP 协议栈等标准 I/O 部件的 API 函数。对于非标准的 I/O 部件,设计者在开发应用程序时需要自行设计相关驱动程序。

### 7.3.4 FreeRTOS

FreeRTOS 是一个面向嵌入式设备的实时操作系统内核,已移植到超过 40 种微控制器架构上。它是开源的,提供了丰富的功能集,适用于各种嵌入式应用,包括任务管理、内存管理、调度和同步机制。FreeRTOS 遵循 MISRA-C 标准的编程规范,具有源码公开、可移植、可裁剪、调度策略灵活等特点,是嵌入式领域少数同时具备实时性、开源性、可靠性、易用性和多平台支持等优势的操作系统。

作为一个轻量级的操作系统,FreeRTOS 的功能包括任务管理、时间管理、信号量、消息队列、内存管理、记录功能、软件定时器和协程等,基本满足较小系统的需求。

以下是 FreeRTOS 的一些特点和功能:

① 实时性:FreeRTOS 专注于提供实时性能,能够满足对任务响应时间和任务调度的严格要求。

② 小巧高效:FreeRTOS 的内核非常小巧,占用的内存和处理器资源非常少,适合于资源受限的嵌入式系统。

③ 任务管理:FreeRTOS 支持多任务管理,可以创建、删除、挂起、恢复任务,并提供任务调度和优先级管理功能。

④ 内存管理:FreeRTOS 提供了内存分配和管理的功能,包括动态内存分配、内存池管理等。

⑤ 同步和通信:FreeRTOS 提供了各种同步机制和通信机制,包括信号量、消息队列、事件标志等,用于任务之间的同步和通信。

⑥ 定时器:FreeRTOS 提供了软件定时器和硬件定时器的支持,用于实现定时任务和定时事件。

⑦ 软件包支持:FreeRTOS 提供了丰富的软件包支持,包括 TCP/IP 协议栈、文件系统、USB 支持等,可以方便地扩展系统功能。

⑧ 可移植性:FreeRTOS 的内核设计具有高度的可移植性,可以轻松地移植到不同的处理器架构和开发环境中。

## 7.4 RT-Thread

RT-Thread,也称作 RTT,是一款主要由中国开源社区主导开发的开源实时操作系统。

它不仅仅是一个单一的实时操作系统内核,也是一个完整的应用系统,具有占用资源少、实时性能高、功耗低和成本低等特点。其架构清晰、系统模块化、可裁剪性良好,非常方便移植,广泛应用于物联网领域。

RT-Thread 操作系统诞生于 2006 年,采用 C 语言编写,经历了多个重要的发展阶段:

- 2006 年推出 RT-Thread 0.1.0,内核小型、实时、可裁剪。随后版本不断修改和补充,新增了动态模块加载功能、设备驱动架构和 SQLite 数据库移植等。
- 2015 年推出 RT-Thread 2.0.0,新增了轻量级的 JavaScript 引擎、NFS 和 SPI Wi-Fi 网卡驱动等。
- 2017 年推出 RT-Thread 3.0.0,完善了 POSIX 接口支持,新增了许多物联网服务组件等。
- 2018 年推出 RT-Thread 4.0.0,新增了多核机制和小程序支持等。

RT-Thread 操作系统包含内核、组件及服务等。内核层具有多线程管理和调度功能,包括信号量、消息队列、邮箱等,以及内存管理、时钟管理和中断管理等。组件及服务层包括虚拟文件系统、网络协议栈和命令行界面等。经过多年的发展,RT-Thread 操作系统支持市场上许多主流编译工具,并已完成多种嵌入式微处理器架构的移植工作,如 ARM、MIPS、RISC-V 等。

RT-Thread 操作系统的源代码是免费开源的,采用不同的许可证。v3.1.0 及以前版本遵循 GPLv2+许可协议,而 v3.1.0 以后的版本遵循 Apache License 2.0 开源许可协议。使用者在遵守相关许可协议的情况下可以免费使用源代码,无需支付费用。RT-Thread 操作系统的源代码及相关文档、工具软件可在其官网、GitHub 和码云网站上下载。

## 7.4.1　体系结构

RT-Thread 有 Smart、Standard 和 Nano 三个版本,标准版和 Nano 版的对应如图 7-13 所示。龙芯 1B 中移植了 RT-Thread Nano 版,即 RT-Thread 精简版。

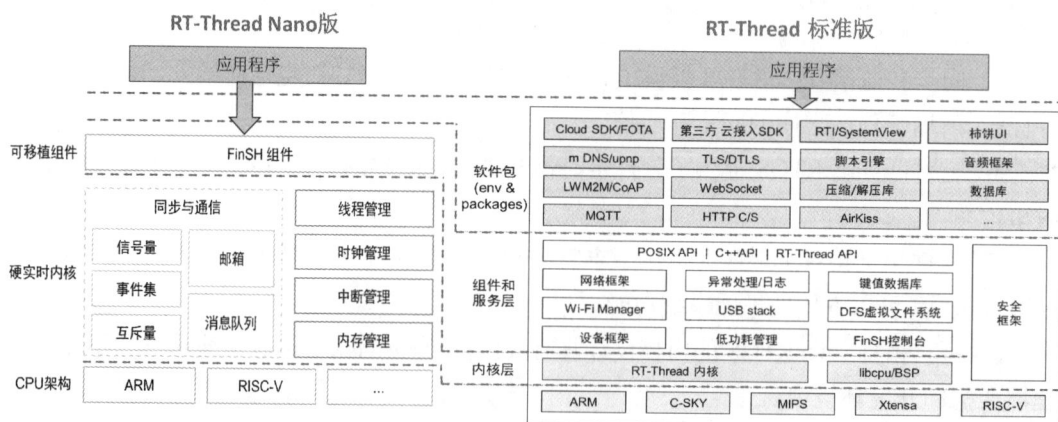

图 7-13　RT-Thread Nano 和 RT-Thread 标准版的体系结构对应

RT-Thread Nano 是一款由中国开源社区开发的物联网操作系统(IoT OS)的轻量级版本,是 RT-Thread 实时操作系统家族的一员,它针对资源受限的嵌入式系统设计,是一个可裁剪的、实时的多任务操作系统内核,实现了基本的线程管理、时间管理、信号量、邮箱等实时操作系统的关键功能。具有实时性强、资源占用少、易于移植等特点,在物联网、智能家居、工业控制等众多领域都有广泛的应用。

RT-Thread Nano 包括内核层(硬实时内核)、组件与服务层和软件包。其中内核层是RT-Thread 的核心部分,包含了操作系统内核中的线程管理、时钟管理、中断管理、内存管理,以及同步与通信,包括事件、信号量、邮箱、消息队列等,可以完成内核系统中对象的实现,例如多线程调度、定时器等;其 libcpu/BSP(芯片移植相关文件/板级支持包)与硬件密切相关,由外设驱动 CPU 移植构成。

标准版的组件与服务层中,组件是基于 RT-Thread 内核之上的上层软件。例如虚拟文件系统、FinSH 命令行界面、网络框架等。组件采用模块化设计,做到组件内部高内聚,组件之间低耦合。

标准版的软件包运行于 RT-Thread 物联网操作系统平台上,面向不同应用领域的应用软件组件。软件包由描述信息、源代码或库文件组成,为开发者提供了众多可重用软件包的选择。这些软件包具有很强的可重用性和高模块化程度,极大地方便了应用开发者在最短时间内打造出所需的系统。目前,RT-Thread 已经支持的软件包数量已超过 260 个。

### 7.4.2 操作系统初始化

为了更好地了解嵌入式操作系统的初始化过程,首先要了解带有嵌入式操作系统的嵌入式系统的整个启动过程,大致可以分为以下几个阶段如图 7-14 所示。

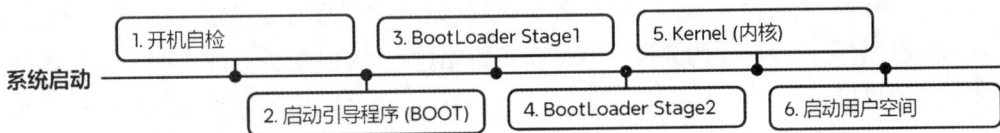

图 7-14 操作系统初始化阶段

(1) 开机自检(Power-On Self-Test,POST)

开机自检是计算机在启动时进行的一系列硬件自检程序。这些程序由计算机的基本输入/输出系统(BIOS)或统一可扩展固件接口(UEFI)负责执行。在开机自检期间,计算机会检查各种硬件组件,如内存、CPU、硬盘和显卡等,以确保它们正常工作。如果发现硬件故障或错误,计算机可能会发出蜂鸣声或显示错误信息。

(2) 启动引导程序(Boot)

系统的引导和初始化工作首先由处理器开始,此时引导程序(通常是汇编代码)从ROM 加载到 RAM 中,自动找到 Boot 入口,进行硬件初始化,初始化处理器的寄存器,并启动处理器核。接下来,完成 Flash 和 DDR 的初始化,为后续从 Flash 加载程序运行文件提供基本环境。一般情况下,系统会从 Flash 的零位置开始,将 Flash 中的 BootLoader 镜像文件加载到 RAM 或 DDR 中,然后将控制权交给 BootLoader 进行下一步处理。

（3）BootLoader Stage 1 和 Stage 2

BootLoader 程序负责初始化硬件设备,加载内核和根文件系统。Stage 1 中通常存放依赖于处理器体系结构的代码,使用汇编语言实现;而 Stage 2 的代码则通常用 C 语言实现。在加载内核和根文件系统之前,BootLoader 程序需要对设备进行一系列自检和初始化工作,例如检测 DRAM、初始化 CPU、检测外设和设置串口等,以确保运行环境正常,并为操作系统分配内存空间。如果支持网络,BootLoader 还需要初始化网络配置,包括 MAC 地址的设置和通信端口的工作模式设置,以便用户通过网络加载程序。最后,BootLoader 将操作系统程序从 Flash 中复制到内存中,通常操作系统镜像文件中包含内核、文件系统和设备管理树等基本组件。BootLoader 会根据设备管理树定义的信息进行检查,并依次加载到内存中。这个阶段完成后,操作系统加载完毕,就可以将控制权交给操作系统内核。

（4）内核启动初始化

BootLoader 执行后,操作系统部分开始运行。操作系统可以在 Flash 中存放启动的一部分程序,在 RAM 中存放数据部分,也可以在 RAM 中存放起始部分,然后在高端 RAM 中存放数据部分,或者在 RAM 中存放起始部分,同时在外部文件中存放其他部分。在 RAM 中开辟区域时,所需内容可以从外部文件导入,因此嵌入式操作系统有从 Flash 加载、RAM 加载和文件加载三种执行方式。

操作系统内核启动过程包含多个步骤,例如设置中断控制器、初始化内存管理和加载设备驱动等。由于存储空间有限,嵌入式操作系统通常将内核进行压缩,因此内核的解压缩是一个重要操作。内核的解压缩阶段通常有两种形式,分别是"预解压"和"运行时解压"。

内核启动阶段主要负责创建进程、绑定进程、划分内存和加载文件系统等基本工作。内核初始化过程是内核启动的关键环节。在初始化过程中,内核会完成一些子系统的初始化,使其能够提供必要的服务,例如初始化进程子系统、初始化虚拟文件系统（VFS）子系统和挂载根文件系统等。在初始化期间,内核将通过命令行参数确定自己的执行方式。

内核启动顺序如图 7-15 所示。rtthread_startup（）函数是 RT-Thread 规定的统一启动入口。

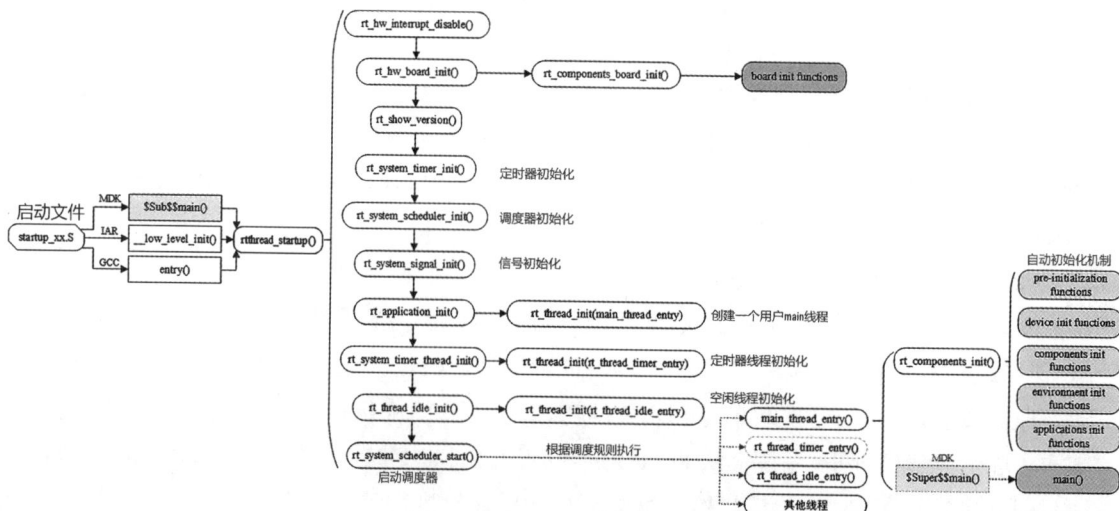

图 7-15　RT-Thread 内核启动

一般执行顺序为:系统先从启动文件开始运行,然后进入 RT-Thread 的启动 rtthread_startup(),最后进入用户入口 main()。

(5)启动户空间

用户空间是系统启动的最后一步,也是最重要的一步。在用户空间中,系统的主要应用程序和服务程序开始启动。系统还会启动一些用户进程来执行各种任务。这一阶段主要对各类应用进行初始化,例如以通信设备为例,此处主要完成对转发芯片的初始化,包括基础转发表项的初始配置、端口和各种通信总线的初始化。接下来会初始化中间件,中间件作为应用程序和操作系统之间的桥梁,向下屏蔽操作系统的差异,向上为应用程序提供平台化的技术支持。最后,各种应用程序也会进行初始化。在这一阶段,整个系统已完成各种初始化步骤,应用程序可以开始正常运行,系统正式进入正常工作状态。

### 7.4.3　龙芯 1B 的 RT-Thread 启动

以龙芯 1B 芯片为核心的嵌入式系统为例,要使其正常启动,在硬件正确满足电源和复位信号的要求后,执行的第一条代码需要存储在 ROM 中,并且该存储器的第一个存储单元地址必须对应 0xbfc00000。因此,微处理器核会到 0xbfc00000 地址处取指,开始执行指令。这一步骤由硬件结构决定,不需要用户进行编程控制。取指执行后,系统将由启动引导程序的代码进行控制。也就是说,系统开始执行启动引导程序,完成硬件初始化,然后引导操作系统或应用程序进行执行等功能。

BootLoader 初始化完成后,操作系统开始启动初始化。系统首先从启动文件运行,然后进入 RT-Thread 的启动函数

系统先从启动文件开始运行,然后进入 RT-Thread 的启动 rtthread_startup(),最后进入用户入口 main()。rtthread_startup() 函数是 RT-Thread 规定的统一启动入口,它的代码如下所示:

```
int rtthread_startup(void)
{
    rt_hw_interrupt_disable();
    /*板级初始化:需在该函数内部进行系统堆的初始化*/
    rt_hw_board_init();
    /*打印 RT-Thread 版本信息*/
    rt_show_version();
    /*定时器初始化*/
    rt_system_timer_init();
    /*调度器初始化*/
    rt_system_scheduler_init();
#ifdef RT_USING_SIGNALS
    /*信号初始化*/
    rt_system_signal_init();
#endif
    /*由此创建一个用户 main()线程*/
    rt_application_init();
```

```
  /* 定时器线程初始化 */
  rt_system_timer_thread_init();
  /* 空闲线程初始化 */
  rt_thread_idle_init();
  /* 启动调度器 */
  rt_system_scheduler_start();
  /* 不会执行至此 */
  return 0;
}
```

这部分启动代码大致可以分为 4 个部分：

（1）初始化与系统相关的硬件；

（2）初始化系统内核对象，例如定时器、调度器、信号；

（3）创建 main 线程，在 main 线程中对各类模块依次进行初始化；

（4）初始化定时器线程、空闲线程，并启动调度器。

main() 函数是 RT-Thread 的用户代码入口，用户可以在 main() 函数里添加自己的应用。如下：

```
int main(void)
{
  /* user app entry */
  return 0;
}
```

在初始化过程中，有些函数并没有被显式调用，但在函数定义处通过宏定义的方式进行了声明，这些函数在系统启动过程中仍会被执行，所代表的功能块也会被初始化。这就是自动初始化机制。例如，在串口驱动中，通过调用一个宏定义来告知系统需要初始化的函数。代码如下：

```
1.  int rt_hw_uart_init(void) {
2.     ... ...
3.     rt_hw_serial_register(&serial1, "uart", RT_DEVICE_FLAG_RDWR |
       RT_DEVICE_FLAG_INT_RX, uart);
4.     return 0;
5.  }
6.  INIT_BOARD_EXPORT(rt_hw_uart_init);
```

代码中 INIT_BOARD_EXPORT 是一个宏定义，通常用于将初始化函数注册到系统的初始化列表中。RT-Thread 在启动时会遍历这个列表，自动调用其中注册的函数。

INIT_BOARD_EXPORT(rt_hw_usart_init) 的作用是将 rt_hw_usart_init() 函数标记为

一个初始化函数,使其在系统启动时自动被调用。

**思考与练习**

7-1　嵌入式操作系统的主要特点有哪些?

7-2　嵌入式操作系统常用的调度机制是什么? 任务的同步和通信的常见机制有哪些?

7-3　说一说中断管理的三个阶段;时钟管理的几个组成。

7-4　描述一下I/O设备管理的几个层次以及文件系统管理的主要功能?

7-5　试着比较 RT-Thread 和其他常见嵌入式操作系统的异同。

## 第8章

# 基于 RT-Thread 综合实现龙芯 1B 的基本功能

本章将把第 6 章裸机开发实现的功能,在 RT-Thread 操作系统上进行逐步开发实现。

## 8.1 建一个带操作系统的工程

新建工程,在新建项目向导中,选择 RT-Thread 作为 RTOS。这里不选用 RT-Thread 的组件,如图 8-1 所示。

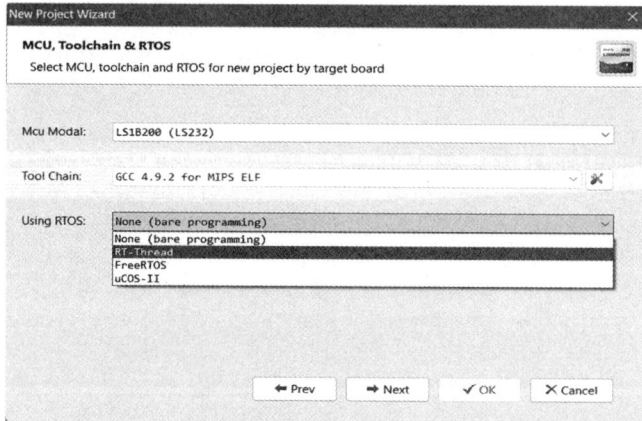

(a)

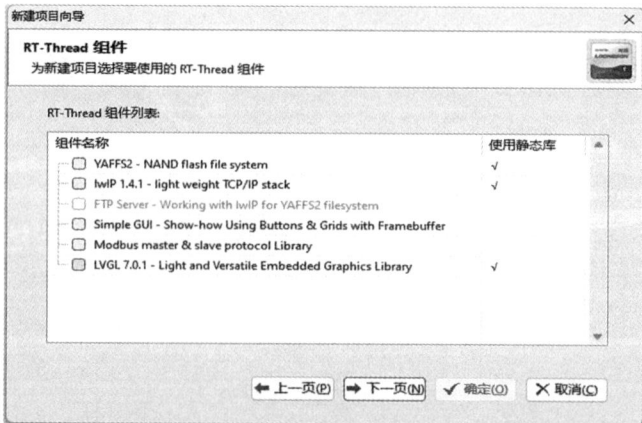

(b)

图 8-1 新建工程选择 RTOS 和 RT-Thread 组件

## 8.1.1　工程目录

建好的工程目录如图 8-2 所示。

RTThread：RTThread NANO 系统文件

include/rtconfig. h：　　　RTThread 参数配置文件

RT-Thread Nano 是 RT-Thread 推出的极简版实时操作系统，适用于家电、消费电子、医疗设备、工控等领域大量使用的 32 位 ARM 入门级 MCU 的场合。龙芯 1B 中移植了 RT-Thread Nano。

## 8.1.2　代码示例

代码示例可扫描二维码获得。

8.1.2 代码

▲ ◺ RTT
　▸ 🗂 includes
　▲ ◺ RTThread
　　▸ ◺ bsp-ls1x
　　▸ ◺ components
　　▸ ◺ include
　　▸ ◺ port
　　▸ ◺ src
　▲ ◺ include
　　▸ 📄 app_os_priority.h
　　▸ 📄 bsp.h
　　▸ 📄 queue_list.h
　　▸ 📄 rtconfig.h
　▸ ◺ ls1x-drv
　▸ ◺ src
　▸ 📄 ld.script
　▸ 📄 main.c

图 8-2　新建工程的目录

### 1）线程控制结构体

```
struct rt_thread
{
/* rt object */
      char                      name [ RT _ NAME _       /* 线程名称 */
                                MAX];
      rt_uint8_t                type;                    /* 对象类型 */
      rt_uint8_t                flags;                   /* 线程的参数 */
      rt_list_t                 list;                    /* 对象链表 */
      rt_list_t                 tlist;                   /* 线程链表 */
/* stack point and entry */
      void                      * sp;                    /* 栈指针 */
      void                      * entry;                 /* 入口函数指针 */
      void                      * parameter;             /* 线程入口参数 */
      void                      * stack_addr;            /* 堆栈地址 */
      rt_uint32_t               stack_size;              /* 堆栈大小 */
      rt_err_t                  error;                   /* 错误代码 */
      rt_uint8_t                stat;                    /* 线程状态 */
      rt_uint8_t                current_priority;        /* 当前优先级 */
      rt_uint8_t                init_priority;           /* 初始化优先级 */
      rt_uint32_t               number_mask;             /* 优先级的掩码,便于位图使用*/

#ifdefined ( RT_USING_EVENT )                            /* use event as inter communication */
      rt_uint32_t               event_set;               /* 线程等待的事件集 */
      rt_uint8_t                event_info;              /* 线程等待的事件标志 */
```

| # endif | |
|---|---|
| rt_ubase_t          init_tick; | /* 线程的初始化时钟节拍 */ |
| rt_ubase_t          remaining_tick; | /* 剩余时钟节拍数 */ |
| struct rt_timer          thread_timer; | /* 线程的内置计时器 */ |
| void（* cleanup）(struct rt_thread * tid); | /* 线程退出时的清理回调函数 */ |
| rt_uint32_t          user_data; | /* 线程外的私有用户数据 */ |
| }; | |
| typedef struct rt_thread * rt_thread_t; | |

### 2) 线程创建函数

| rt_thread_t rt_thread_create ( | 创建线程,并分配内存块,返回创建好的线程。 |
|---|---|
| const char          * name, | /* 线程名称 */ |
| void（* entry)(void * parameter), | /* 线程的入口函数 */ |
| void          * parameter, | /* 入口函数的传入参数 */ |
| rt_uint32_t          stack_size, | /* 线程堆栈的大小 */ |
| rt_uint8_t          priority, | /* 线程优先级 */ |
| rt_uint32_t          tick ) | /* 线程的时间片大小 */ |

## 8.1.3  下载运行

连接下载线和调试串口线,下载运行。

在调试串口上可以看到如图 8-3 所示的信息。

8.1.3 现象

```
[16:32:03.759]收←◆
Clock_mask: 8000, step=100000

 \ | /      Thread Operating System
- RT -      4.0.3 build Feb 15 2024
 / | \
2006 - 2019 Copyright by rt-thread team

Welcome to RT-Thread.

tick count = 0
msh />
[16:32:04.286]收←◆tick count = 500

[16:32:04.788]收←◆tick count = 1001

[16:32:05.289]收←◆tick count = 1502

[16:32:05.791]收←◆tick count = 2003

[16:32:06.293]收←◆tick count = 2504

[16:32:06.794]收←◆tick count = 3005

[16:32:07.297]收←◆tick count = 3506
```

图 8-3  调试串口的显示信息

501 的累加是 rt_thread_delay(500)的 500 ms 的 tick 表现数,额外的 1 可理解为开销。

RT-Thread 中操作系统有自己的 tick,默认为每秒 1 000 tick。更快的 tick 可以降低线程间切换的延迟,但会提高系统的开销,这是因为更多的时间都在处理线程调度的计算,而不是实现功能。

Clock_mask：时钟源的掩码，0x8000 相当于第 15 位（1000 0000 0000 0000），对应某个时钟源的使能。

## 8.2　信号量和 GPIO

### 8.2.1　1 个信号量和 2 个亮灯线程

定义两个 LED 对应的线程，LED 线程 1 和 LED 线程 2，分别对应 LED1 和 LED2，优先级分别是 9 和 10（二者略有不同），亮灯的时长不同。定义按键线程，通过按下按键 KEY1 释放按键信号量，这个信号量可以被两个 LED 线程捕获，捕获后点亮各自对应的灯。LED 线程 1 灯亮的时长长，所以在捕获按键信号量点亮 LED1 灯后，灯没有熄灭之前，再次按下 KEY1 时释放的信号量，只能被 LED2 捕获。

### 8.2.2　代码示例

代码示例及实验现象可扫描二维码获得

8.2.2 代码　　　8.2.2 现象

### 8.2.3　示例说明

本示例的设计实现应用了按键和 LED 灯的功能，创建按键 KEY 和两个 LED 灯共三个线程，按键线程用来检测是否 KEY1 按下，按下就释放信号量；而信号量用来控制 LED 和两个线程对应的 LED 灯的亮灯权限，捕获了信号量的 LED 线程亮起对应的 LED 灯。通过该实验，可以展示"信号量是用来控制多个线程或任务对共享资源的访问的机制"这样的功能。

示例中用到了 RT-Thread 中线程的创建、信号量的创建、信号量的获取。信号量（Semaphore）是一种实现线程间通信的机制，用于实现线程之间同步或临界资源的互斥访问，可以用来解决多个线程或进程之间的竞争问题。在多线程系统中，各线程之间需要同步或互斥实现临界资源的保护，信号量功能可以为用户提供这方面的支持。信号量（Semaphore）是操作系统中的重要机制。

代码示例中相关函数说明如下：

| 线程控制结构体<br>struct rt_thread<br>{ | |
| --- | --- |

```
/* rt object */
        char                        name[RT_NAME_MAX];      /* 线程名称 */
        rt_uint8_t                  type;                   /* 对象类型 */
        rt_uint8_t                  flags;                  /* 线程的参数 */
        rt_list_t                   list;                   /* 对象链表 */
        rt_list_t                   tlist;                  /* 线程链表 */
/* stack point and entry */
        void                        *sp;                    /* 栈指针 */
        void                        *entry;                 /* 入口函数指针 */
        void                        *parameter;             /* 线程入口参数 */
        void                        *stack_addr;            /* 堆栈地址 */
        rt_uint32_t                 stack_size;             /* 堆栈大小 */
        rt_err_t                    error;                  /* 错误代码 */
        rt_uint8_t                  stat;                   /* 线程状态 */
        rt_uint8_t                  current_priority;       /* 当前优先级 */
        rt_uint8_t                  init_priority;          /* 初始化优先级 */
        rt_uint32_t                 number_mask;            /* 优先级的掩码,便于位图使用 */

#if defined (RT_USING_EVENT)                                /* use event as inter communication */
        rt_uint32_t                 event_set;              /* 线程等待的事件集 */
        rt_uint8_t                  event_info;             /* 线程等待的事件标志 */
#endif
        rt_ubase_t                  init_tick;              /* 线程的初始化时钟节拍 */
        rt_ubase_t                  remaining_tick;         /* 剩余时钟节拍数 */
    struct rt_timer                 thread_timer;           /* 线程的内置计时器 */

        void (*cleanup)(struct rt_thread *tid);            /* 线程退出时的清理回调函数 */
        rt_uint32_t                 user_data;              /* 线程外的私有用户数据 */
};
typedef struct rt_thread *rt_thread_t;
```

| 创建线程 | |
|---|---|
| rt_thread_t rt_thread_create (<br>    const char          *name,<br>    void (*entry)(void *parameter),<br>    void                *parameter,<br>    rt_uint32_t         stack_size,<br>    rt_uint8_t          priority,<br>    rt_uint32_t         tick ) | 创建线程,并分配内存块,返回创建好的线程。<br>/* 线程名称 */<br>/* 线程的入口函数 */<br>/* 入口函数的传入参数 */<br>/* 线程堆栈的大小 */<br>/* 线程优先级 */<br>/* 线程的时间片大小 */ |

| 信号量控制结构体 | |
|---|---|
| struct rt_semaphore<br>{<br>    struct rt_ipc_object    parent; | /* 从 ipc_object 继承,Inter-Process Communication 进程间通信 */ |

| | | |
|---|---|---|
| rt_uint16_t | value; | /* 信号量的值 */ |
| rt_uint16_t | reserved; | /* 保留 */ |
| }; | | |
| typedef struct rt_semaphore * rt_sem_t; | | |

| | |
|---|---|
| 获取信号量,返回:RT_EOK 成功获得信号量;-RT_ETIMEOUT 超时依然未获得信号量;-RT_ERROR 其他错误 | |
| rt_err_t rt_sem_take( | |
|   rt_sem_t           sem, | //sem:信号量对象的句柄 |
|   rt_int32_t         time) | //time:指定的等待时间,单位是操作系统时钟节拍 |
| typedef    long        rt_base_t; | |
| typedef    rt_base_t    rt_err_t; | /* 错误号类型 */ |

## 8.3　信号量和 PWM

### 8.3.1　1 个信号量和 1 个 PWM 线程

在信号量和亮灯线程完成后,本步骤在此基础上实现 PWM 功能。增加一个按键线程,使其产生 PWM 信号量与 PWM 功能关联;再创建一个 PWM 线程,当捕获 PWM 信号量时,PWM 线程就在周期内产生不同占空比的 PWM 波,点亮对应的 LED 灯,从而产生呼吸灯的效果。

### 8.3.2　代码示例

代码示例及实验现象可扫码获得。

8.3.2 代码

8.2.3 现象

### 8.3.3　示例说明

实验箱中 PWM2 的引脚与 GPIO2 复用,与 LED3 相连。因此在该步骤中增加的 PWM 功能是用 PWM2 实现脉冲输出,控制 LED3 呈现呼吸灯效果。

PWM 的产生原理是在定时器工作周期下的比较计数。计数器在每个定时器工作周期计数 1 次,经过计数上限次计数,形成一个具有一定占空比的波形。这个波形中,比较值是高低电平的分界计数点。例如比较值 500,计数上限 5 000,则 500 后的计数均为高("1"),占空比是$(5\,000-500)/5\,000 = 9/10$。如果定时器工作周期是 20 ns,则一个方波的周期是 $5\,000 * 20$ ns。

示例中 PMM 脉宽为 5 000 次个定时器工作周期,脉冲低电平宽度从 0 个依次以 500 往上递增到 5 000，然后又从 5 000 递减到 0，如此往复；即脉宽为（5 000 ∗ PMW 时钟周期），脉冲占空比随着 Rv 的变化而变化；LED3 的亮度也会跟着从亮到暗，然后又从暗到亮，每个占空比对应的亮度保持 20 ms。其中调整 PWM 参数的结构体 cfg 中 cfg. hi_ns 与 cfg. lo_ns 的比例即是调整 PWM 的占空比。示例代码中相关函数说明如下：

| PWM 参数的结构体 | 说明 |
| --- | --- |
| typedef struct pwm_cfg<br>{<br>/ ∗ 高电平脉冲宽度（纳秒），定时器模式仅用 hi_ns ∗ /<br>unsigned int hi_ns;<br>/ ∗ 低电平脉冲宽度（纳秒），定时器模式没用 lo_ns ∗ /<br>unsigned int lo_ns;<br>/ ∗ pulse or timer，定时器工作模式 ∗ /<br>  int mode;<br>/ ∗ 用户自定义中断函数 ∗ /<br>  irq_handler_t isr;<br>/ ∗ 定时器中断回调函数 ∗ /<br>    pwmtimer_callback_t cb;<br>} pwm_cfg_t; | 定义 PWM 高电平和低电平的时长，例如：<br>cfg. isr = NULL;<br>cfg. mode = PWM_CONTINUE_PULSE;<br>cfg. cb = NULL;<br>cfg. hi_ns = 4500;<br>cfg. lo_ns =500; |

## 8.4 消息队列和 ADC

前面的步骤已经完成了两个按键和亮灯以及 PWM 呼吸灯的功能，实现原理是通过信号量的产生与获取。本步骤将用 ADC 功能实现对消息队列的使用。

### 8.4.1 1 个队列和 2 个 ADC 线程

增加一个 ADC 线程，使其每秒进行 ADC 采样，并将转换的数据量写入队列；再增加一个按键线程和一个 ADC 读取线程，每按下按键产生一个信号量，使得 ADC 获取线程去读取消息队列的数值并打印。

### 8.4.2 代码示例

代码示例及实验现象可扫码获得。

8.4.2 代码　　　　8.4.2 现象

运行时显示：（自动读取一次 AD 采样值）

```
Welcome to RT-Thread.

SPIO controller initialized.
I2CO controller initialized.
DC controller initialized.
FB open successful.
KEY4 release a ADCGET_sem
LED_Thread1 Start
LED_Thread2 Start
ADS1015 Config-Convert Register:
OS = device is not performing a conversion
MUX = Differential P = AINO, N = AIN1
PGA = +/-2.048V range, Gain 2
MODE = Power-down single-shot mode
RATE = 1600 samples per second
CMODE = Traditional comparator with hysteresis
CPOL = ALERT/RDY pin is low when active
CPOL = Non-latching comparator (default)
CPOL = Disable the comparator and put ALERT/RDY in high st
ADC_Thread Start
ADC-GET_Thread Start
ADC-GET_thread:val=997
msh />
```

KEY1 按下 LED1 亮 2.8 s,再次按下 LED2 亮 0.8 s。

KEY4 按下时显示:

```
KEY4 release a ADCGET_sem
LED_Thread1 Start
LED_Thread2 Start
ADS1015 Config-Convert Register:
OS = conversion is in progress
MUX = Single-ended AIN3
PGA = +/-4.096V range, Gain 1
MODE = Continuous conversion mode
RATE = 1600 samples per second
CMODE = Traditional comparator with hysteresis
CPOL = ALERT/RDY pin is low when active
CPOL = Non-latching comparator (default)
CPOL = Disable the comparator and put ALERT/RDY in high
ADC_Thread Start
ADC-GET_Thread Start
ADC-GET_thread:val=1003
msh />ADC-GET_thread:val=1003
KEY4 release a ADCGET_sem
ADC-GET_thread:val=1003
KEY4 release a ADCGET_sem
ADC-GET_thread:val=1081
KEY4 release a ADCGET_sem
```
```
                    GCC 4.9.2 for MIPS ELF
```

　　注:如果调整了 AD 采样值,第一次按下显示仍然是上次采样值,再次按下才会显示当前采样值。

　　按下 KEY3 可以改变 PWM 值,同时 LED3 灯也会随着 PWM 值而改变亮度。

```
KEY3 release a PWM_sem
hrc=9
KEY3 release a PWM_sem
hrc=8
KEY3 release a PWM_sem
hrc=7
KEY3 release a PWM_sem
hrc=6
KEY3 release a PWM_sem
hrc=5
KEY3 release a PWM_sem
hrc=4
KEY3 release a PWM_sem
hrc=3
KEY3 release a PWM_sem
hrc=2
KEY3 release a PWM_sem
hrc=1
```

PWM 范围:1~9(1 最亮,9 最暗)。

## 8.4.3 示例说明

实验箱中 ADS1015 的模拟通道 3 接 AIN3 连滑动变阻器,同时并联一个 LEDADC3;改变滑动变阻器的值,LEDADC3 灯的亮度发生改变,同时读取 ADC 采样值(AD 采样通道 3),该值也会发生改变。因此可手动变换滑动电阻,使得 ADC 每秒有新的采样,采样值会写入消息队列。每按下按键 KEY4,产生一个 ADC 读取的信号量,线程会去读取消息队列的值并打印出来。

消息队列是一种在分布式系统中用于处理消息通信或事件驱动的编程范式。它允许应用程序或系统组件之间异步地传递消息,从而解耦发送者和接收者,使得发送者与接收者以独立的速度发送和接收数据,除非消息队列空或满,否则不影响线程的状态,线程也不会因此而阻塞。

代码示例中相关函数说明如下:

发送消息:
该函数用来给消息队列发送消息。当发送消息时,消息队列对象先从空闲消息链表上取下一个空闲消息块,把线程或者中断服务程序发送的消息内容复制到消息块上,然后把该消息块挂到消息队列的尾部。当且仅当空闲消息链表上有可用的空闲消息块时,发送者才能成功发送消息;当空闲消息链表上无可用消息块,说明消息队列已满。

| rt_err_t rt_mq_send ( | | |
|---|---|---|
| rt_mq_t | mq, | //mq:消息队列对象句柄 |
| const void | * buffer, | //buffer:消息内容 |
| rt_size_t | size ) | //size:消息大小 |

函数返回:
RT_EOK 成功;-RT_EFULL 消息队列已满;-RT_ERROR 失败,表示发送的消息长度大于消息队列中消息的最大长度。

接收消息:
当消息队列中有消息时,接收者才能接收消息,否则接收者会根据超时时间设置,或挂起在消息队列的等待线程队列上,或直接返回。

| rt_err_t rt_mq_recv ( | | |
|---|---|---|
| rt_mq_t | mq, | //mq:消息队列对象句柄 |
| void | * buffer, | //buffer:消息内容 |
| rt_size_t | size, | //size:消息大小 |
| rt_int32_t | timeout) | //timeout:指定的超时时间 |

函数返回:
RT_EOK 成功;-RT_ETIMEOUT 超时;-RT_ERROR 失败

初始化消息队列:
该函数将初始化消息队列并将其置于内核管理器的控制之下。

| rt_err_t rt_mq_init ( | | |
|---|---|---|
| rt_mq_t | mq, | //mq：消息队列对象句柄 |
| const char | * name, | //name：消息队列的名称 |
| void | * msgpool, | //msgpool：用于存放消息的缓冲区指针 |
| rt_size_t | msg_size, | //msg_size：消息队列中一条消息的最大长度，单位为字节 |
| rt_size_t | pool_size, | //pool_size：存放消息的缓冲区大小 |
| rt_uint8_t | flag) | //flag：消息队列采用的等待方式 |

## 8.5 综合实现中的多任务

操作系统与裸机编程最大的不同就是多任务。本节将把本章之前几个小节实现的功能进行多任务调度和状态的综合说明。

### 8.5.1 调度机制

操作系统中的调度是任务管理中的核心部分，它负责决定哪个任务（或线程）在某个时刻能够获得 CPU 资源并执行的模块或机制。调度机制按照一定的规则和策略，在多个可运行的任务之间进行选择和切换，以确保系统能够满足实时性要求，高效地运行各个任务。有了它，多个任务在操作系统中才能有条不紊地运行。

调度机制通常通过一定的数据结构结合一定的调度算法来实现。RT-Thread 中，数据结构就是线程控制块，调度算法就是优先级和时间片轮转方式。具体到龙芯 1B 移植的 RT-Thread Nano，调度机制主要通过线程数据控制结构体和 RTT 优先级链表完成。

先来看一下创建一个线程的信息。如下：

| rt_thread_t rt_thread_create ( | | 创建线程，并分配内存块，返回创建好的线程。 |
|---|---|---|
| const char | * name, | /* 线程名称 */ |
| void ( * entry)(void * parameter), | | /* 线程的入口函数 */ |
| void | * parameter, | /* 入口函数的传入参数 */ |
| rt_uint32_t | stack_size, | /* 线程堆栈的大小 */ |
| rt_uint8_t | priority, | /* 线程优先级 */ |
| rt_uint32_t | tick ) | /* 线程的时间片大小 */ |

其中优先级的最大值在 include/rtconfig.h 中定义为 32 "#define RT_THREAD_PRIORITY_MAX 32"，所以线程的优先级可以在 0 到 32 之间定义，0 最大。线程时间片的大小则是多任务并行时每个任务被分配的时间片，一旦超时，调度器会挂起当前任务而转向下一个任务运行。

不同优先级的任务从高到低运行，在相同优先级任务中又有时间片分配以使得多任务并行。这样就形成了优先级链表，即形成了调度机制的主体。见图 8-4。

■ 操作系统先寻找优先级 0#的链表，若其中没有线程，则寻找下一个优先级的链表，优先级 1#链表。1#的链表第一个任务是线程 A，则运行线程 A。

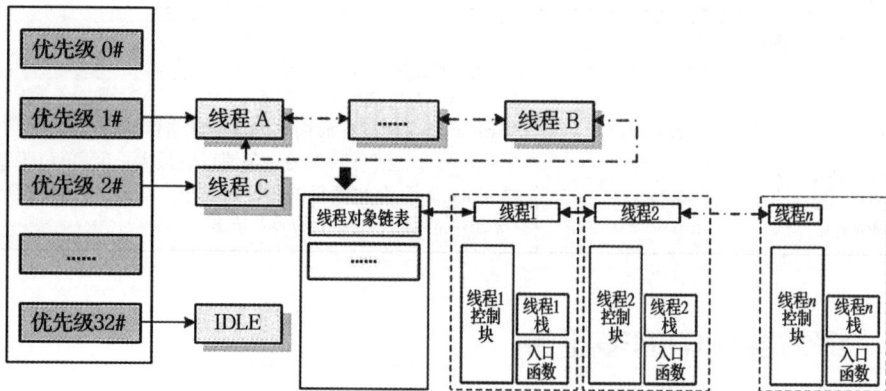

图 8-4　RT-Thread 中的优先级链表

■ 当线程 A 的时间片,本章节的线程初始化设置为 10 ms,使用完成后,调度器会将线程 A 排到该优先级对应的链表最后(图中则为 B 右边),再执行链表中 A 的下一个线程没有执行完的线程。

■ 调度一般在每个系统 tick 中运行一次,龙芯 1B 的 RTT 中 1 000 tick 为 1 s,即 tick 周期是 1 ms。

RT-Thread 的调度机制由 scheduler.c 完成,这个 scheduler 又被称作调度器,调度器文件 scheduler.c 位于工程目录 RTThread/src/目录下。

## 8.5.2　状态切换

调度机制中的调度是在任务已处于"就绪"状态进行的。一个任务的状态除了"就绪"还有运行和挂起,如图 8-5 所示。需要注意的是,RT-Thread 中,任务的运行状态不是一个显性状态。

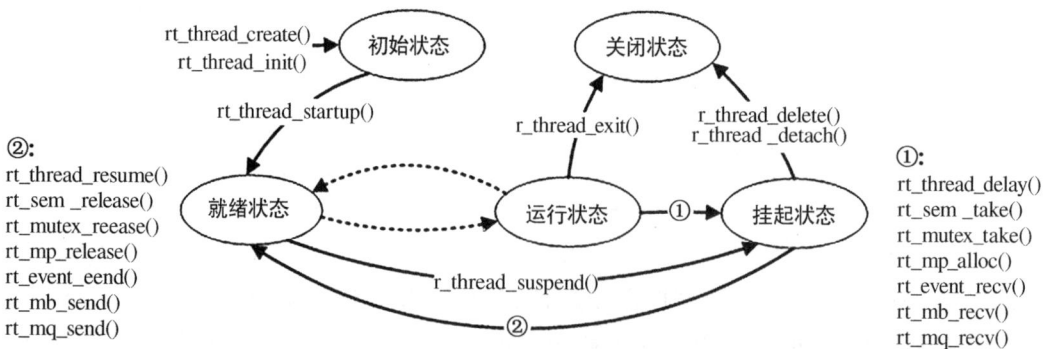

图 8-5　RT-Thread 中线程的状态转换图

图 8-5 中可以看到,信号量获取 rt_sem_take()、消息接收 rt_mq_recv()则是线程进入挂起的状态,挂起的线程不在调度器的优先级列表中。而信号量的产生 rt_sem_release()、消息发送 rt_mq_send()都是使得线程进入就绪状态的函数。

在线程初始化时,每个线程控制块内都包含有该线程专用的栈空间,在该线程执行到一半发生线程切换时,会将芯片中所有栈寄存器,先保存至专用的栈空间,等下次再运行时再从 RAM 中恢复。

### 8.5.3　综合时序

结合综合实现示例,假设在工程初始化之后,先后按下 KEY1、KEY4、KEY3,可以得到如图 8-6 所示的时序图。

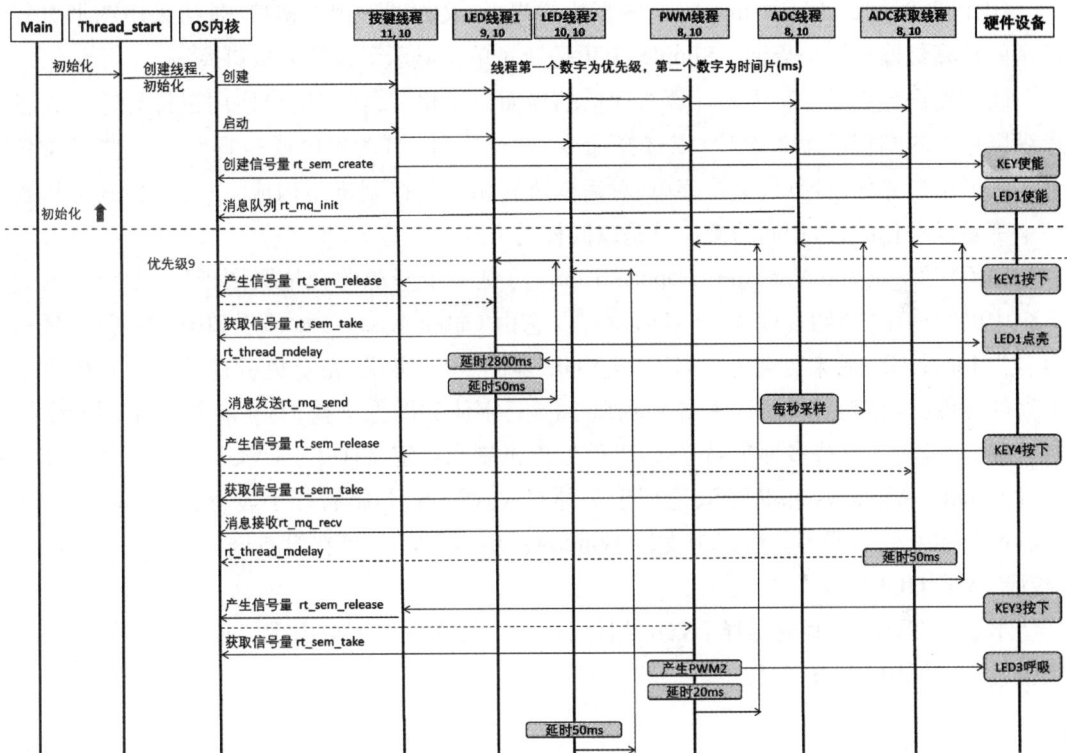

图 8-6　综合实现示例的时序图

系统初始化时,Thread_start 函数创建并启动所有线程。系统初始化后,两个 LED 线程、PWM 线程以及 ADC 获取线程都开始等待对应信号量的获取;而 ADC 线程则开始每秒的采样,并写入消息队列。先后按下 KEY1、KEY4、KEY3,相当于先后产生了 LED 线程 1、ADC 获取线程、PWM 线程对应的信号量,则相对应的线程就绪。请注意,图中没有画线程时间片轮转超时的状态。

## 8.6　第三方组件 LVGL 应用

第三方组件是针对某种软件在应用功能上的不足或缺陷,而由软件编制方以外的其他组织或个人开发的相关组件。组件的功能相对单一或者独立,组件化开发的成果是基础库和公共组件。龙芯 1B 的 RTT 带了 6 个封装的组件。如图 8-7 所示。

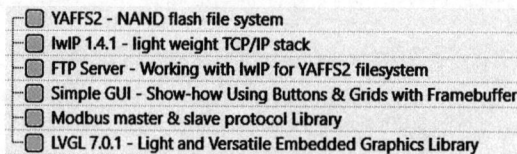

- YAFFS2 - NAND flash file system
- lwIP 1.4.1 - light weight TCP/IP stack
- FTP Server - Working with lwIP for YAFFS2 filesystem
- Simple GUI - Show-how Using Buttons & Grids with Framebuffer
- Modbus master & slave protocol Library
- LVGL 7.0.1 - Light and Versatile Embedded Graphics Library

图 8-7  龙芯 1B 的 6 个第三方组件

GUI 即 Graphical User Interface,图形用户界面,又称图形用户接口,是指采用图形方式显示的计算机操作用户界面。Simple GUI 是针对单色显示屏设计的接口库。

图形用户界面是一种人与计算机通信的界面显示格式,允许用户使用鼠标等输入设备操纵屏幕上的图标或菜单选项,以选择命令、调用文件、启动程序或执行其他一些日常任务。图形用户界面由窗口、下拉菜单、对话框及其相应的控制机制构成,在各种新式应用程序中都是标准化的,即相同的操作总是以同样的方式来完成。

LVGL(Light and Versatile Graphics Library)是一个开源的轻量级图形库,专为嵌入式系统中的图形用户界面(GUI)开发而设计。它由 Gábor Kiss-Vámosi 于 2016 年创建,最初命名为 LittlevGL,后来更名为 LVGL。LVGL 遵循 MIT 协议,完全免费且开源。它提供了丰富的控件(如按钮、滑块、图表等)、动画、主题、字体和图像支持,易于移植到不同的微控制器和显示器上,支持多种布局方式、事件处理机制和自定义样式。LVGL 支持多种操作系统,如 Linux、Windows 和 RTOS,适用于多种嵌入式设备,包括智能手表、汽车仪表盘、工业控制设备和家庭电器等。而因为支持 Windows,所以 LVGL 可在没有嵌入式硬件的 PC 上启动嵌入式 GUI 设计。

本示例在新建工程时选择 LVGL 组件,则在工程文件夹下会出现"lvgl-7.0.1"文件夹,工程就可以使用 LVGL 组件了。

## 8.6.1  LVGL 显示

本节将在屏幕上把之前实现的功能,用 LVGL 部件把可显示的部分内容显示出来。例如按下 PWM 相关联的按键,显示 PWM 占空比等参数;按下 ADC 相关联的按键,显示 ADC 的采样值等。为了更便于观察,再显示一个 LVGL 的内部时钟,这样可以在没有按键按下时,也能看到显示内容的变化。

## 8.6.2  代码示例

代码示例及实验现象可扫码获得。

8.6.2 代码

8.6.2 现象

## 8.6.3 示例说明

示例运行结果如图 8-8 所示。有两行显示,一个 tick 在随着时间从屏幕近中心处向右下移动。

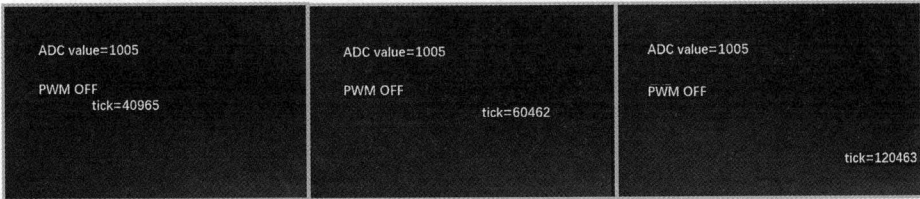

**图 8-8 示例的运行结果显示**

组件的头文件在工程目录中不能直接看到,需要到工具安装的目录下找:\LoongIDE\mips-2011.03\mips-sde-elf\ls1b200\rtthread\lvgl-7.0.1\src。组件的头文件和示例中用到的几个主要头文件所在文件目录位置如图 8-9 所示。

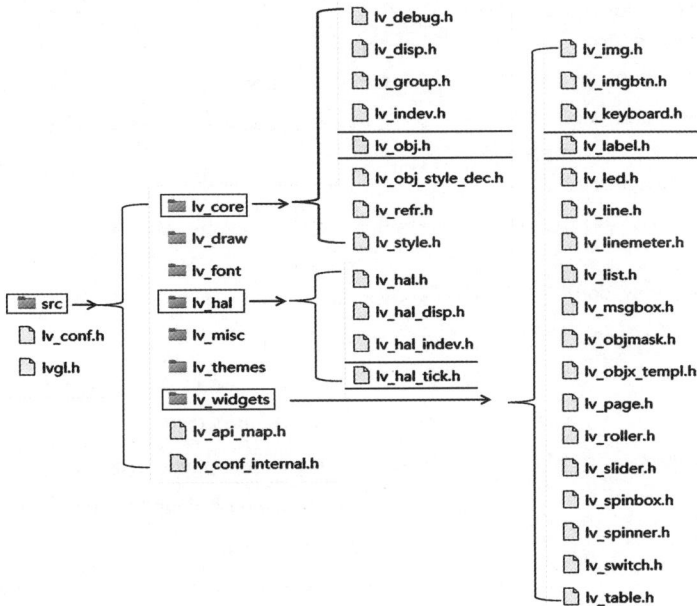

**图 8-9 LVGL 头文件**

代码示例中相关函数说明如下:

| | |
|---|---|
| void lv_label_set_text(lv_obj_t * label, const char * text); | lv_label.h:<br>Set a new text for a label. Memory will be allocated to store the text by the label.<br>* @param label pointer to a label object<br>* @param text '\0' terminated character string. NULL to refresh with the current text. |

| | |
|---|---|
| void lv_obj_set_pos(lv_obj_t obj, lv_coord_t x, lv_coord_t y); | lv_obj.h<br>/*<br>* Set relative the position of an object (relative to the parent)<br>* @param obj pointer to an object<br>* @param x new distance from the left side of the parent<br>* @param y new distance from the top of the parent<br>*/ |
| typedef struct _lv_obj_t {<br>    struct _lv_obj_t * parent;<br>    lv_ll_t child_ll;<br>    lv_area_t coords;<br>    lv_event_cb_t event_cb; | lv_obj.h<br>/**< Pointer to the parent object */<br>/**< Linked list to store the children objects */<br>/**< Coordinates of the object (x1, y1, x2, y2) */<br>/**< Event callback function */ |
|     lv_signal_cb_t signal_cb;<br>    lv_design_cb_t design_cb;<br>    void * ext_attr;<br>    lv_style_list_t style_list;<br>#if LV_USE_EXT_CLICK_AREA == LV_EXT_CLICK_AREA_TINY<br>    uint8_t ext_click_pad_hor;<br>    uint8_t ext_click_pad_ver;<br>#elif LV_USE_EXT_CLICK_AREA == LV_EXT_CLICK_AREA_FULL<br>    lv_area_t ext_click_pad;<br>#endif<br>    lv_coord_t ext_draw_pad;<br>    /* Attributes and states */<br>    uint8_t click    : 1;<br>    uint8_t drag    : 1;<br>    uint8_t drag_throw    : 1;<br>    uint8_t drag_parent    : 1;<br>    uint8_t hidden    : 1;<br>    uint8_t top    : 1;<br>    uint8_t parent_event    : 1;<br>    uint8_t adv_hittest    : 1;<br>    uint8_t gesture_parent : 1;<br>    lv_drag_dir_t drag_dir  : 3;<br>    lv_bidi_dir_t base_dir  : 2;<br>#if LV_USE_GROUP != 0<br>    void * group_p;<br>#endif | /**< Object type specific signal function */<br>/**< Object type specific design function */<br>/**< Object type specific extended data */<br><br><br>/**< Extra click padding in horizontal direction */<br>/**< Extra click padding in vertical direction */<br><br>/**< Extra click padding area. */<br><br>/**< EXTtend the size in every direction for drawing. */<br><br>/**< 1: Can be pressed by an input device */<br>/**< 1: Enable the dragging */<br>/**< 1: Enable throwing with drag */<br>/**< 1: Parent will be dragged instead */<br>/**< 1: Object is hidden */<br>/**< 1: If the object or its children is clicked it goes to the foreground */<br>/**< 1: Send the object's events to the parent too. */<br>/**< 1: Use advanced hit-testing (slower) */<br>/**< 1: Parent will be gesture instead */<br>/**< Which directions the object can be dragged in */<br>/**< Base direction of texts related to this object */ |

| | |
|---|---|
| uint8_t protect; | /* * < Automatically happening actions can be prevented. 'OR'ed values from `lv_protect_t`* / |
| lv_state_t state; | |
| #if LV_USE_OBJ_REALIGN | |
| lv_realign_t realign; | /* * <Information about the last call to ::lv_obj_align. * / |
| #endif | |
| #if LV_USE_USER_DATA | |
| lv_obj_user_data_t user_data; | /* * <Custom user data for object. * / |
| #endif | |
| } lv_obj_t; | |

# 参考文献

［1］龙芯中科技术有限公司.龙芯 1B 处理器用户手册［Z］.北京：龙芯中科技术有限公司,2015.

［2］龙芯中科技术有限公司.龙芯架构参考手册卷一:基础架构［Z］.北京：龙芯中科技术有限公司,2023.

［3］龙芯中科技术有限公司.嵌入式边缘计算龙芯 1B200 开发板［Z］.北京：龙芯中科技术有限公司,2021.

［4］胡伟武.计算机体系结构基础［M］.3 版.北京:机械工业出版社,2021.

［5］Tammy N. Embedded Systems Architecture：A Comprehensive Guide for Engineers and Programmers［M］. 2nd Edition. Burlington：Morgan Kaufmann，2012.

［6］塔米·诺尔加德.嵌入式系统硬件、软件及软硬件协同(原书第二版)［M］.北京:机械工业出版社,2018.

［7］罗蕾.嵌入式系统及应用［M］.北京:电子工业出版社,2016.

［8］俞建新.嵌入式系统基础教程［M］.2 版.北京:机械工业出版社,2019.

［9］何宾.微型计算机系统原理及应用:国产龙芯处理器的软件和硬件集成(基础篇)［M］.北京:电子工业出版社,2022.

［10］崔西宁,张亮,张淑平.嵌入式系统设计师教程［M］.2 版.北京:清华大学出版社,2019.

［11］王宜怀,史洪玮,孙锦中,等.嵌入式实时操作系统基于 RT-Thread 的 EAI & IoT 系统开发［M］.北京:机械工业出版社,2023.

［12］严海蓉,田锐.嵌入式操作系统原理与设计实现［M］.北京:清华大学出版社,2023.

［13］符意德.龙芯嵌入式系统软硬件平台设计［M］.北京:人民邮电出版社,2023.

［14］孙冬梅.龙芯嵌入式系统原理与应用开发［M］.北京:人民邮电出版社,2023.

［15］龙芯中科技术有限公司.龙芯 CPU 开发系统 PMON 固件开发规范［Z］.北京:龙芯中科技术有限公司,2015.